37

伽罗瓦理论
——天才的激情

章璞 著

GALUOWA LILUN

高等教育出版社·北京

内容简介

这是一本专门讲述伽罗瓦理论的教材。内容包括伽罗瓦理论基本定理和多项式方程的根式可解性、伽罗瓦群的计算及其反问题。本书强调通过伽罗瓦对应，可将代数数域中的问题转化成群论的问题加以解决。作为这种思想的应用，证明了代数基本定理，解决了 e 和 π 的超越性及尺规作图的四大古代难题。为方便读者查阅，附录中详细梳理了所要用到的群、环、域方面的结论。每节配有充足的习题并包含提示。

本书可作为高等学校数学类各专业的教材，也可供其他相关专业参考。

图书在版编目（CIP）数据

伽罗瓦理论 : 天才的激情 / 章璞著 . — 北京 : 高等教育出版社 , 2013.5（2024.1 重印）

ISBN 978-7-04-037252-6

Ⅰ. ①伽… Ⅱ. ①章… Ⅲ. ①伽罗瓦理论 Ⅳ.
① O153.4

中国版本图书馆 CIP 数据核字（2013）第 073073 号

策划编辑　赵天夫	责任编辑　赵天夫		封面设计　赵阳		责任印制　刁　毅

出版发行	高等教育出版社	网　　址	http://www.hep.edu.cn
社　　址	北京市西城区德外大街4号		http://www.hep.com.cn
邮政编码	100120	网上订购	http://www.hepmall.com.cn
印　　刷	中农印务有限公司		http://www.hepmall.com
开　　本	787 mm×1092 mm 1/16		http://www.hepmall.cn
印　　张	9.25		
字　　数	110 千字	版　　次	2013 年 5 月第 1 版
购书热线	010-58581118	印　　次	2024 年 1 月第 4 次印刷
咨询电话	400-810-0598	定　　价	35.00 元

谨以此书寄托我对妻子风华永远的怀念

序　言

    近世代数是研究各种代数结构的一门大学课程. 作为数学发展的一个重要的里程碑, 它起源于 19 世纪 30 年代法国数学家伽罗瓦 (É. Galois) 研究高次代数方程根式可解性问题而给出的置换群概念. 后来在研究数论和几何当中又发展了环和域的理论. 这些代数结构和相关的抽象代数方法不仅极大地推动了数学的发展, 成为数学各领域从事研究的重要代数语言和工具, 而且在物理、力学、化学等方面得到重要的应用. 20 世纪 60 年代以来, 随着数字通信技术的飞速进步, 近世代数 (特别是有限交换群、多项式环和有限域) 已成为信息科学与技术不可缺少的数学工具.

    1930—1931 年, 德国数学家范德瓦尔登 (B. L. van der Waerden) 写出经典名著《近世代数》(*Modern Algebra*). 1958 年再版时书名改成 *Algebra*, 说明它已不那么 "摩登". 1980 年贾柯勃逊 (Nathan Jacobson) 的书中讲述了比传统近世代数更为丰富的内容, 而书名叫做《基础代数》(*Basic Algebra*). 这表明, 半个世纪前还认为很现代和很抽象的代数, 现已成为基本知识. 2009 年, 法国数学家 Luc Illusie 在和我们讨论中法联合培养计划时就说过, 近世代数的群、环、域以及模论、同调代数、交换代数、群的线性表示, 在法国数学界都被认为是 "线性代数". 反观目前我国高校的数学教育, 近世代数在不少学校的数学系只是选修课, 学时很少, 甚至讲不到域论的知识. 在课程安排和教学方法上也需改进, 不少学生未能学到近世代数的真谛. 特别是在数学发展中体现数学魅力的一些重要内容 (例如域的伽罗瓦理论) 不能讲授, 这是很遗憾的.

　　章璞教授的这本书用来弥补上述不足, 生动地介绍了域论的基本知识, 相当详细地讲述了域的伽罗瓦理论和它的各种精彩的应用. 并且在本书的附录中, 作者对于本来在近世代数课程中已讲述的群、环、域基本内容作了概要的回顾, 以方便读者. 章璞教授于 2012 年夏在扬州大学承办的全国研究生数学暑期学校为国内 150 名数学研究生讲授了本书的内容, 取得了很好的效果. 我相信, 对于广大的数学教师、学生以及对于数学和数学史有兴趣的数学爱好者, 本书都会是一个很好的教材和读物.

冯克勤

2013 年 1 月

于清华大学数学科学系

前　言

近年来伽罗瓦理论的教学面临新的情况. 随着学期的缩短, 它在近世代数课程中可用的时间更少; 若不高效地处理其核心内容, 同学往往未得要领课已结束. 而若作为后续课程, 则需梳理所要用到的群、环、域的结论; 同时, 由于伽罗瓦理论没有及时跟进, 近世代数课程可能流于概念, 未见精彩深刻的应用.

作者在中国科学技术大学和上海交通大学讲授此课 20 余次, 了解其中的困难. 我们琢磨如何在尽可能少的课时内讲清伽罗瓦理论的核心内容; 同时也思考作为后续课程它的教学内容. 这本小书就是在此双重考虑下实践的产物.

如果作为近世代数课程中的一章, 则可只讲本书中不带星号的小节, 它们是最基本的内容, 只需 8 个课时便可完成. 这得益于在技术处理上充分运用了同构延拓定理: 它和阿廷引理并用即可证明伽罗瓦理论基本定理. 带星号的小节则用于后续课程.

在思想和方法上, 我们强调通过伽罗瓦对应, 将代数数域中的问题转化成有限群的问题加以解决. 作为例证, 包含了伽罗瓦理论基本定理在代数 (多项式方程的根式可解性和代数基本定理)、数论 (e 和 π 的超越性) 和几何 (正 n 边形的尺规作图) 中的应用. 在内容上, 突出了伽罗瓦群的计算及其反问题, 特别是模 p 法的使用. 附录 I 和 II 详细梳理了所要用到的群、环、域方面的结论, 以便读者查阅. 每节配有充足的习题, 并对较难想到的步骤作了提示.

　　张英伯教授仔细审阅了全书, 给予热情支持和鼓励并提出宝贵意见. 这本小书也在国家自然科学基金委数学天元基金 "基础数学" 研究生暑期学校试用并得以完稿, 感谢冯克勤教授和周青教授的邀请、支持和指正. 我从刘绍学教授和冯克勤教授的著述和谈话中受益匪浅. 冯克勤教授应出版社之约为本书作序. 陈惠香、黄华林、李立斌、叶郁、张跃辉诸位教授在完稿过程中给予帮助并提出宝贵意见. 宋科研和熊保林博士提供了 CTEX 作图方面的帮助并指出笔误; 章雨星同学帮忙收集相关历史资料; 德乐思 (Andreas Dress)、卡吉耶 (Pierre Cartier)、哈珀 (Dieter Happel)、凯勒 (Bernhard Keller)、林格尔 (Claus Michael Ringel) 诸位教授与我讨论了相关的历史人物. 感谢高等教育出版社赵天夫编辑的工作. 欢迎读者提出宝贵意见.

　　谨以此书寄托我对妻子风华永远的怀念: 这促使我仔细完成本书!

章璞

2012 年 3 月 20 日

于上海交通大学

　　此次重印仅做个别修改. 感谢王标、鲍炎红、荣石提出的建议.

章璞

2016 年 10 月 12 日

于上海交通大学

　　本次重印仅做个别修订, 主要是参考文献的更新. 感谢扶先辉教授的建议, 感谢陈伟钊、崔健、郭鹏、金海、荣石帮忙校对.

章璞

2020 年 10 月 22 日

于上海交通大学

目　录

序言

前言

§0. 伽罗瓦理论概述*

那些洞察分明的人　安详地激情澎湃
那些成就伟业的人　感动得热泪盈眶

0.1 伽罗瓦理论的核心是建立了域扩张 E/F 的中间域集合与伽罗瓦群 $\mathrm{Gal}(E/F)$ 的子群集合之间的一一对应, 这种对应是反序的, 并且保持共轭性, 这里 E/F 是有限伽罗瓦扩张, 即 E/F 是有限可分正规扩张.

利用这种对应, 可以在域和群之间进行转化和互补性研究, 解决了多项式方程的根式可解性问题以及其他一系列难题, 宣告了古典代数学的终结. 伽罗瓦理论开创了一个范例: 通过引入不同的概念并建立它们之间的联系, 将困难的问题逐步转化, 从而达到解决难题的目的. 更加重要的意义在于: 这一理论中所创立和使用的群和域, 意味着以代数结构为研究对象的近世代数学的开始; 而群论及其所描述的对称性, 其应用和影响已超出数学领域, 成为科学技术乃至人文科学中的基本工具和观念之一.

这本小书的目的就是要以简短的篇幅讲清伽罗瓦理论的核心, 以及它是如何用来解决多项式方程根式可解性和其他几个难题的.

0.2 伽罗瓦理论起源于对多项式方程求根公式的探究. 公元前数百年人类就已知 2 次方程的求根公式. 设 $f(x) = x^2 + a_1 x + a_2$. 则 $f(x) = 0$ 的两个根由公式 $\frac{-a_1 \pm \sqrt{a_1^2 - 4a_2}}{2}$ 给出. 到了文艺复兴时代, 3 次和 4 次方程的求根公式也已在意大利数学家中间流传. 从 16 世纪人们开始关心 5 次和 5 次以上方程是否也有类似的求根公式, 即对于给

定的整数 $n \geq 5$, 是否存在这样一个公式, 使得任意 n 次多项式的根,
都能够通过其系数的有限次加减乘除运算和有限次开方运算 (开 2 次
方、3 次方等等) 得到. 此后两百余年, 这个问题困惑了许多数学家, 包
括像欧拉 (Leonhard Euler, 1707—1783) 这样伟大的人物. 大数学家拉
格朗日 (Joseph Louis Lagrange, 1736—1813) 说: "它好像在向人类智
慧挑战!"

拉格朗日是第一个预见高次方程的上述求根公式不存在的人, 但
他无法证明. 阿贝尔 (Niels Henrik Abel, 1802—1829) 1824 年完全解
决了这一难题: 他证明了当 $n \geq 5$ 时, n 次一般方程是根式不可解的,
也就是说, 它的根不会落在其系数域的有限次根式扩张之中. 因为一
般方程的系数均是不定元, 这意味着不存在 n 次方程的上述求根公式.
在此之前, 1799 年鲁菲尼 (Paolo Ruffini, 1765—1822) 也发表了这个结
论, 但他的证明有严重的错误. 今天人们将此称为阿贝尔–鲁菲尼定理.

阿贝尔–鲁菲尼定理虽然解决了这个古典数学难题, 但从推动科学
发展的意义上说, 似乎并不具备建设性. 今天来看, 不存在求根公式并
不要紧, 如果必要例如可以通过数值计算的方法近似求解. 另一方面,
尽管高次方程的求根公式不存在, 但仍然存在许多高次方程, 它们是根
式可解的, 即它们的根是落在系数域的有限次根式扩张之中. 如何描
述方程根式可解与根式不可解的差别? 它产生的机理是什么? 这在大
数学家阿贝尔的工作中并未得到体现。1829 年 4 月 6 日阿贝尔就因
患当时的不治之症肺结核而辞世.

0.3 埃瓦里斯特 · 伽罗瓦 (Évariste Galois, 1811—1832) 更进一步.
他首次注意到一个多项式方程是否根式可解, 是由这个方程根集上的
一些特殊置换作成的集合是否具有某种性质决定的. 为此, 他最早使
用了 "群" 这个词 (法文 "groupe"). 所谓 "这个方程根集上的一些特
殊置换作成的集合", 用今天的语言说就是这个方程的伽罗瓦群. 它是
这个方程根集上的一个置换群, 但未必是根集的对称群: 这是因为一
部分根可能被另外一些根 "生成", 那些被生成的根在置换下变向何处,

当然是由生成它们的那些根的变化情况确定. 也就是说, 伽罗瓦本人使用的方程 $f(x)$ 的伽罗瓦群, 是指 $f(x)$ 的根集上的保持根之间所有代数关系的置换所构成的群.

除了群的概念, 伽罗瓦还引进正规子群和可解群的概念. 群 G 为可解群是指 G 有一个链 $G = G_0 \supseteq G_1 \supseteq \cdots \supseteq G_r = \{1\}$, 其中每一个 G_i 均是 G_{i-1} 的正规子群, 使得商群 G_{i-1}/G_i 是交换群, $1 \leq i \leq r$.

伽罗瓦大定理指出: 一个多项式方程是根式可解的当且仅当这个方程的伽罗瓦群是可解群. n 次一般方程的伽罗瓦群是对称群 S_n; 而当 $n \geq 5$ 时, S_n 不是可解群. 因此根据伽罗瓦大定理立即得到阿贝尔–鲁菲尼定理: 当 $n \geq 5$ 时, n 次一般方程是根式不可解的. 另一方面, 当 $n \leq 4$ 时, n 次方程的伽罗瓦群都是可解群, 因而它们均是根式可解的. 当然, 所有 n 次方程均根式可解, 并不意味着存在 n 次方程的求根公式; 但是, 此前我们已知当 $n \leq 4$ 时 n 次方程的求根公式的确是存在的.

正如登月英雄阿姆斯特朗 (Neil Alden Armstrong, 1930—2012) 所言: "这是个人的一小步, 却是人类的一大步." (That's one small step for a man, one giant leap for mankind.)

0.4 伽罗瓦不足 21 年的传奇人生拥有众多的传记. 这位集莫扎特的天赋、贝多芬的激情、拜伦的浪漫于一身的天才数学家, 其生平资料的缺乏为许多传记作家提供了部分主观想象的空间. 每隔几十年, 他的生平中的某些细节又成为一些新的研究者的兴趣, 而这只能是永恒之谜. 我们采用至少有 3 篇相对独立的文献的共同说法.

伽罗瓦 1811 年 10 月 25 日生于巴黎南郊小镇. 他的父亲是中学校长并担任了 14 年的镇长, 母亲能熟读拉丁文并精通古典文学. 伽罗瓦幼年没有受过特别的数学训练, 12 岁之前, 他与姐姐和弟弟一起度过愉快的童年. 母亲是他们的启蒙老师, 教授古典文化和宗教方面的知识. 1823 年 10 月伽罗瓦离家到巴黎有名的路易–勒–格兰中学学习, 其杰出毕业生包括作家雨果 (Victor Hugo, 1802—1885). 14 岁那年他

伽罗瓦 (Évariste Galois, 1811.10.25—1832.5.31)

开始对数学产生严肃的兴趣. 史料记载, 伽罗瓦 "像读小说一样" 很快读完勒让德 (Adrien Marie Legendre, 1752—1833) 的《几何原理》并得其要领, 而这本书是两年的教程. 他向大师们学习, 阅读了拉格朗日的论文集《论数值方程解法》和专著《解析函数论》. 1828 年伽罗瓦报考当时法国最著名的高校巴黎综合理工大学 (École Polytechnique), 据说失败的原因是面试时解释不充分. 次年他再次报考巴黎综合理工大学又告失败, 据说因父亲不久前去世而变得没有耐心, 口试中他认为考官的问题无趣并与之发生争执. 1830 年初伽罗瓦只得进入声望较低的师范学院学习, 它就是今天法国最著名的高校巴黎高等师范大学 (École Normale Supérieure) 的前身.

    1828 年, 17 岁的伽罗瓦提交关于高次方程代数解的论文, 法国科学院交柯西 (Augustin Louis Cauchy, 1789—1857) 审理. 柯西是当时法国科学院的首席数学家, 其丰富的创造力少有人能比, 作品数量仅次于欧拉 [或许还有凯莱 (Arthur Cayley, 1821—1895)]. 据说柯西未审论文便将稿件丢失. 1830 年, 伽罗瓦再次呈交论文, 但负责审理的法国科学院秘书傅里叶 (Joseph Fourier, 1768—1830) 不久去世. 傅里叶的成就以傅里叶分析闻名. 1831 年, 伽罗瓦第 3 次提交论文, 但著名数学家泊松 (Siméon Denis Poisson, 1781—1840) 在审稿意见中以 "不能理解" 为由拒绝发表. 当然, 非凡的泊松也许意识到伽罗瓦文章的重要性, 所以建议作者要将文章修改得更详细和易读一些. 这是早期多数传记记载的遭遇.

需要指出的是, 2011 年法国数学界和驻外有关部门纪念伽罗瓦诞生 200 周年. 此前二三十年, 传记作家们也开始使用法国科学院档案研究的新结论: 柯西当年 "并非像流传的那样" 丢失伽罗瓦的论文, 而是看重他的工作, 亲自审理后认为文章不清楚, 建议伽罗瓦修改后再审; 同时柯西考虑将伽罗瓦列为当年科学院大奖的候选人 (当然实际上并未获奖). 相关资料例如参见 Wiki 网站 [Wi] 和文献 [De] 第 11 章.

伽罗瓦生活在法国历史上的动荡岁月. 他以极大的热情投入到政治活动中. 为此, 1831 年他被开除学籍, 同年两次被捕入狱. 1832 年 4 月 29 日伽罗瓦出狱, 不久就坠入爱河. 这场恋爱很快破灭, 但却导致了 1832 年 5 月 30 日清晨的一场决斗. 伽罗瓦在决斗中负伤并于次日去世. 他对弟弟说的最后的话是: "Don't cry, Alfred! I need all my courage to die at twenty." 关于这场决斗的真实原因, 史学家们众说纷纭. 在决斗的前夜, 他修改了手稿, 并留下了 3 封著名的信. 在致共和党全体同仁的信中他写道: "我请求我的爱国朋友们不要责备我不是为了祖国而献出生命. ······ 苍天作证, 我曾用尽办法试图拒绝这场决斗. ······ 永别了, 我已经为公共事业献出了自己大部分的生命." 在另一封信中他写道: "命运不让我活到祖国知道我名字的时候." 在给挚友舍瓦利埃 (Auguste Chevalier) 的信中他总结了自己的工作:

"I have done several new things in analysis. Some of these things concern the theory of equations, others concern integral functions.

In the theory of equations, I looked for the conditions for the equations to be solvable by radicals. ··· There is something to be completed in this proof. I have no time.

You will publicly request Jacobi or Gauss to give their opinions, not on the truth but on the importance of these theorems.

After that, I hope there will be people who find profit in attempting to decipher this mess."

伽罗瓦去世后他的弟弟根据记忆绘制了一幅他的肖像, 并和舍瓦利埃一起收集整理了他的所有文件并作成目录. 这些文件现作为伽罗瓦专档收藏于法国科学院图书馆 ([Da]).

0.5 1846 年著名数学家刘维尔 (Joseph Liouville, 1809—1882) 决定在自己创立的杂志 *Journal de Mathématiques Pures et Appliquées* 全文发表伽罗瓦的手稿并亲自写了序言. 刘维尔在序言中解释法国科学院拒绝伽罗瓦手稿是因为 "它模糊费解", "产生这一缺点的原因是追求过分简练. …… 当你试图引导读者远远离开老路, 步入更广阔的领域时, 确实更加需要清楚明了. 正如笛卡儿所说的, 在论述超常问题时, 应该超常地清楚. …… 但是现在一切都变了. 让我们抛开无用的批评; 让我们把缺点留在那里而看看成绩".

今天我们读到的伽罗瓦理论不再 "模糊费解", 而是 "严清美" (严格、清晰、优美), 那是因为经过多位大师 (其人数不下 20 位) 的发展和处理, 其中最主要的贡献属于若尔当 (Camille Jordan, 1838—1922), 戴德金 (Richard Dedekind, 1831—1916) 和阿廷 (Emil Artin, 1898—1962). 若尔当和戴德金分别在法国和德国最早系统地整理伽罗瓦理论, 若尔当 1870 年发表《论代数方程的置换》(*Traité des substitutions et des équations algébriques*) 解释伽罗瓦理论; 而今天使用的伽罗瓦群的定义是由戴德金给出的. 阿廷的名著 [A1] 使得伽罗瓦理论取得了现代的形式, 其中若干处理今天仍是很好的. 贾柯勃逊 (Nathan Jacobson, 1910—1999) 的名著 [J1] 则包含了更多我们今天使用的处理. 严格优雅的语言和一般情形的论述是要紧的; 而天才原创的思想更是弥足珍贵的.

0.6 伽罗瓦短暂的一生在科学史上留下了不朽的篇章. 虽然他的

全部数学论文加起来只有 60 页, 但其后发展的重要性和影响已触及科学的许多领域. 他被许多科学家和史学家认为是人类历史上最伟大的 10 位数学家之一 (例如参见 [Liv] 第 9 章及其所引文献). 著名数学家皮卡 (Charles Émile Picard, 1856—1941) 在评价 19 世纪的数学时, 称伽罗瓦 "在开创性和概念的深邃方面无人能及". 20 世纪伟大的数学家外尔 (Hermann Weyl, 1885—1955) 评论道 ([We]): "伽罗瓦的论述在好几十年中一直被看成是天书; 但是, 它后来对数学的整个发展产生愈来愈深远的影响. 如果从它所包含思想之新奇和意义之深远来判断, 也许是整个人类知识宝库中价值最为重大的一件珍品." 大数学家韦伊 (André Weil, 1906—1998) 写道: "现在, 大家都已充分认识到伽罗瓦理论是一个基本的分支, 每一个严肃认真的数学专业大学生应该在头几年的教育中就了解它."

　　除了伽罗瓦理论之外, 伽罗瓦是群论的主要发现者和奠基人[①]; 他引入并研究了有限域 (又称为伽罗瓦域) —— 今天这一理论已成为信息通信的重要数学基础. 伽罗瓦还在椭圆函数和阿贝尔积分方面作出过杰出贡献, 这些工作 20 多年后被大数学家黎曼 (Bernhard Riemann, 1826—1866) 重新独立地得到. 伽罗瓦理论中仍有诸如 "反问题" (即是否非可解群也是有理数域上方程的伽罗瓦群) 等悬而未决的难题. 伽罗瓦理论主要的发展包括无限扩张的伽罗瓦理论 (通常的伽罗瓦理论是对有限扩张而言的), 这与拓扑学相关; 而微分方程的伽罗瓦理论也备受关注, 这联系到数学更广泛的领域.

　　0.7 本书导读: 我们假定读者具有群、环、域的基本知识, 并在附录 I 回顾所要用到的群论与环论中的结论, 在附录 II 中系统地梳理了域论的内容, 其中特别包含了同构延拓定理的证明. 读者可以在用到附录中内容时再去查阅. 我们强调: 这是一本专门讲述伽罗瓦理论的小书, 而不是一本全面的近世代数的教材. 所以, 我们并没有按照讲新

[①]伽罗瓦使用的群仅是置换群, 即对称群 S_n 的子群. 抽象群的定义经过了较长时间的演化, 1900 年由 J. Pierpont 首次给出了今天我们使用的形式, 这其中主要的贡献者包括 A. Caylay, L. Kronecker 和 W. Burnside.

课那样引入群、环、域的基本概念和性质, 而只是在附录中梳理了在伽罗瓦理论中所要用到的相应结果 —— 如果这些结果在通常的近世代数的教材中都能找到, 我们就略去其证明, 否则我们才会包含其证明. 这样做是希望本书不至于太厚.

这本小书的最核心内容可概括为三条定理 —— 同构延拓定理、伽罗瓦理论基本定理、方程根式可解的伽罗瓦大定理和一条引理 —— 阿廷引理. 同时我们还仔细讨论了伽罗瓦群的计算及其反问题; 利用伽罗瓦理论给出代数基本定理的证明、解决 e 和 π 的超越性及尺规作图的四大古代难题. 在处理上, 我们强调并充分运用同构延拓定理. 如果只限于将 "有限伽罗瓦扩张" 理解成 "可分多项式的分裂域", 则伽罗瓦理论基本定理的证明只用到同构延拓定理及其推论和阿廷引理. 不带星号的小节可作为近世代数课程最后一章的内容, 在群、环、域的基础够用的情况下能够在 8 课时内完成 (还可用一个较简单的例子, 例如 §2 后习题 8, 来代替 2.3 小节; 亦可考虑不讲 5.3 小节).

为什么我的眼里常含泪水
因为我对这土地爱得深沉

　　　　　　—— 艾青

世界上最宽阔的是海洋
比海洋更宽阔的是天空
比天空更宽阔的是人的胸怀

　　　　　　—— 维克多 · 雨果

§1. 有限伽罗瓦扩张

工欲善其事
必先利其器

伽罗瓦理论是建立在有限伽罗瓦扩张上的. 对它的不同阐述, 皆因使用伽罗瓦扩张不同的定义而起. 所幸的是, 这些定义在有限扩张的情形下均是等价的 (参见以下定理 1.5), 而我们关心的也恰好是有限扩张. 本节将从不同的侧面等价地描述有限伽罗瓦扩张.

本书将伽罗瓦扩张定义为可分正规扩张 (参见附录 II 定义 10.13), 从而有限伽罗瓦扩张是指有限可分正规扩张, 它可等价地描述为可分多项式的分裂域 (参见附录 II 定理 10.14). 对于追求在最短时间内弄懂伽罗瓦理论的读者, 这个描述已足够 (参阅下节注记 2.4); 因而可跳过本节的 1.3 和 1.4 不读. 但是, 另一方面, 有限伽罗瓦扩张的其他两个等价描述 (指定理 1.5 中的 (iii) 和 (iv)), 不仅使其性质更加深刻完整, 而且有助于我们理解伽罗瓦理论基本定理.

1.1 伽罗瓦对应

首先固定记号. 设 E/F 是任意域扩张 (暂不假定是有限扩张), 即 F 是域 E 的子域. 若 M 是 E 的子域且又是 F 的扩域, 则称 M 是 E/F 的中间域. 令

$$G = \mathrm{Gal}(E/F) = \{\sigma : E \to E \text{ 是域同构 } \mid \sigma(a) = a, \ \forall \ a \in F\}.$$

则 G 对于映射的合成作成群. 令 $\Omega = \{E/F \text{ 的中间域}\}, \Gamma = \{G \text{ 的子群}\}$.

考虑 Ω 与 Γ 之间的如下两个映射, 通常称为伽罗瓦对应:

$$\mathrm{Gal}(E/-):\ \Omega \to \Gamma,\ \text{其中}\ \mathrm{Gal}(E/-)(M) = \mathrm{Gal}(E/M),\ \forall\, M \in \Omega,$$

$$\mathrm{Inv}:\ \Gamma \to \Omega,\ \text{其中}\ \mathrm{Inv}(H) = \{a \in E \mid \sigma(a) = a,\ \forall\, \sigma \in H\}, \forall\, H \in \Gamma,$$

这里 $\mathrm{Gal}(E/M) = \{\sigma: E \to E\ \text{是域同构}\ \mid \sigma(a) = a,\ \forall\, a \in M\}$ 显然是 G 的子群, 称为 E 在 M 上的伽罗瓦群; $\mathrm{Inv}(H)$ 显然是 E/F 的中间域, 称为子群 H 的不动点域.

我们需要如下简单的事实.

引理 1.1 设 E/F 是任意域扩张, G, Ω, Γ 的定义同上. 则

(i) $\mathrm{Gal}(E/-): \Omega \to \Gamma$ 和 $\mathrm{Inv}: \Gamma \to \Omega$ 是反序的映射, 即

若 M_1 和 M_2 均是 E/F 的中间域且 $M_1 \subseteq M_2$, 则 $\mathrm{Gal}(E/M_1) \supseteq \mathrm{Gal}(E/M_2)$;

若 H_1 和 H_2 均是 G 的子群且 $H_1 \subseteq H_2$, 则 $\mathrm{Inv}(H_1) \supseteq \mathrm{Inv}(H_2)$.

(ii) (作用 2 次变大) 对于 $M \in \Omega$ 有 $M \subseteq \mathrm{Inv}(\mathrm{Gal}(E/M))$; 对于 $H \in \Gamma$ 有 $H \subseteq \mathrm{Gal}(E/\mathrm{Inv}(H))$.

(iii) (作用 3 次等于作用 1 次) 对于 $M \in \Omega$, $H \in \Gamma$ 有

$$\mathrm{Gal}(E/\mathrm{Inv}(\mathrm{Gal}(E/M))) = \mathrm{Gal}(E/M),\ \mathrm{Inv}(\mathrm{Gal}(E/\mathrm{Inv}(H))) = \mathrm{Inv}(H).$$

证明 (i) 和 (ii) 由定义直接可得. 下证 (iii).

由 (ii) 有 $M \subseteq \mathrm{Inv}(\mathrm{Gal}(E/M))$, 再由 (i) 得 $\mathrm{Gal}(E/M) \supseteq \mathrm{Gal}(E/\mathrm{Inv}(\mathrm{Gal}(E/M)))$. 记 $H = \mathrm{Gal}(E/M)$. 由 (ii) 知 $H \subseteq \mathrm{Gal}(E/\mathrm{Inv}(H))$, 即 $\mathrm{Gal}(E/M) \subseteq \mathrm{Gal}(E/\mathrm{Inv}(\mathrm{Gal}(E/M)))$. 故 $\mathrm{Gal}(E/M) = \mathrm{Gal}(E/\mathrm{Inv}(\mathrm{Gal}(E/M)))$.

同理可证 $\mathrm{Inv}(\mathrm{Gal}(E/\mathrm{Inv}(H))) = \mathrm{Inv}(H)$. ■

1.2 阿廷引理

阿廷引理使得伽罗瓦理论基本定理的证明取得了现代的形式. 阿廷 (Emil Artin, 1898—1962), 著名代数和数论学家, 对阐明伽罗瓦理论

起了重要的作用 (参阅 [A1]). 他对近世代数学的发展和普及有重要贡献; 据说范德瓦尔登 (Bartel Leendert van der Waerden, 1903—1996) 的名著 [W1] 和 [W2] 也受到他的影响. 他的儿子 Michael Artin (1934—) 也是著名数学家.

以下阿廷引理和戴德金无关性引理的证明本质上仅用到线性代数, 方法值得借鉴.

引理 1.2 (阿廷引理)　设 Q 是域 K 的自同构群的有限子群. 则有 $[K : \mathrm{Inv}(Q)] \leq |Q|$, 这里 $\mathrm{Inv}(Q) = \{a \in K \mid \sigma(a) = a, \ \forall \ \sigma \in Q\}$.

证明　设 $|Q| = n$, 不妨设 $n > 1$. 欲证 $[K : \mathrm{Inv}(Q)] \leq n$, 只要证 K 中任意 $n+1$ 个元 $u_1, \cdots, u_{n+1}$ 必然 $\mathrm{Inv}(Q)$-线性相关. 记 $Q = \{f_1, \cdots, f_n\}$, 其中 $f_1 = \mathrm{Id}_K$. 考虑 K 上的 $n+1$ 个变量 n 个方程的齐次线性方程组

$$\begin{cases} u_1 x_1 + \cdots + u_{n+1} x_{n+1} = 0, \\ f_2(u_1) x_1 + \cdots + f_2(u_{n+1}) x_{n+1} = 0, \\ \cdots\cdots\cdots\cdots \\ f_n(u_1) x_1 + \cdots + f_n(u_{n+1}) x_{n+1} = 0, \end{cases}$$

简写成

$$\sum_{1 \leq j \leq n+1} f_i(u_j) x_j = 0, \quad 1 \leq i \leq n. \tag{$*$}$$

这个齐次线性方程组必有非零解. 取它的一个非零解 $(a_1, \cdots, a_{n+1})$, 使得 $(a_1, \cdots, a_{n+1})$ 在方程组 $(*)$ 的所有非零解中非零分量的个数最少. 必要时调换 u_j 和 x_j 的下标, 不妨设 $a_1 \neq 0$; 进而, 不妨设 $a_1 = 1$.

我们断言: $a_j \in \mathrm{Inv}(Q)$, $1 \leq j \leq n+1$. 从而由 $(*)$ 的第一个方程就知道 $u_1, \cdots, u_{n+1}$ 是 $\mathrm{Inv}(Q)$-线性相关的.

如果此断言不成立, 不妨设 $a_2 \notin \mathrm{Inv}(Q)$. 则存在 $f_t \in Q, 2 \leq t \leq n$, 使得 $f_t(a_2) \neq a_2$. 将 f_t 作用于 n 个等式 $\sum_{1 \leq j \leq n+1} f_i(u_j) a_j = 0$, $1 \leq i \leq n$, 我们得到

$$\sum_{1 \leq j \leq n+1} f_t f_i(u_j) f_t(a_j) = 0, \quad 1 \leq i \leq n.$$

因 Q 是群, 故 $f_t f_1, \cdots, f_t f_n$ 是 $f_1, \cdots, f_n$ 的一个置换, 从而 $(f_t(a_1) = 1, f_t(a_2), \cdots, f_t(a_{n+1}))$ 也是方程组 $(*)$ 的解. 与 $(1, a_2, \cdots, a_{n+1})$ 相减得到

$$(0, a_2 - f_t(a_2), \cdots, a_{n+1} - f_t(a_{n+1})),$$

它也是 $(*)$ 的解. 因 $f_t(a_2) \neq a_2$, 它是 $(*)$ 的非零解, 而且其非零分量的个数比 $(1, a_2, \cdots, a_{n+1})$ 的非零分量的个数还要少, 这与 $(1, a_2, \cdots, a_{n+1})$ 的取法相矛盾! 证毕! ∎

1.3 戴德金无关性引理*

群 H 到域 K 的非零元的乘法群 K^* 的群同态称为 H 的 K-线性特征标. 下面的事实通常称为戴德金无关性引理. 戴德金 (Richard Dedekind, 1831—1916), 著名代数和数论学家, 环论中理想概念的引入者、并以戴德金分割闻名. 他是伟大科学家高斯 (Carl Friedrich Gauss, 1777—1855) 的学生. 戴德金最早 (1857—1858 年冬季学期) 在哥廷根大学讲授伽罗瓦理论, 对于这一理论的整理并取得现代形式有重要的贡献 (参见 §3 中注记 3.2).

引理 1.3 (戴德金无关性引理) 设 $\chi_1, \cdots, \chi_n$ 是群 H 的两两不同的 K-线性特征标. 则 $\chi_1, \cdots, \chi_n$ 在 K 上线性无关, 即若存在 K 中元 $c_1, \cdots, c_n$ 使得 $\sum_{1 \le i \le n} c_i \chi_i(g) = 0$, $\forall g \in H$, 则 $c_i = 0$, $1 \le i \le n$.

证明 (反证) 假定结论不成立, 则存在 K 中全都不为零的 t 个元 (必要时重排下标) $c_1, \cdots, c_t$ 使得 $\sum_{1 \le i \le t} c_i \chi_i(g) = 0$, $\forall g \in H$. 取这样的正整数 t 是最小的. 因为 $\chi_1 \neq \chi_2$, 故存在 $h \in H$ 使得 $\chi_1(h) \neq \chi_2(h)$. 将

$$\sum_{1 \le i \le t} c_i \chi_1(h) \chi_i(g) = 0, \quad \forall g \in H$$

与

$$\sum_{1 \le i \le t} c_i \chi_i(hg) = \sum_{1 \le i \le t} c_i \chi_i(h) \chi_i(g) = 0, \quad \forall g \in H$$

相减得到

$$\sum_{2 \leq i \leq t} c_i(\chi_1(h) - \chi_i(h))\chi_i(g) = 0, \quad \forall\, g \in H.$$

注意到 $c_2(\chi_1(h) - \chi_2(h)) \neq 0$. 这与 t 的极小性选择相矛盾! ∎

利用戴德金无关性引理我们可以得到有限扩张的伽罗瓦群的阶的上界 (请与附录 II 中的推论 10.7 相比较).

命题 1.4 设 E/F 是域的有限扩张. 则 $|\mathrm{Gal}(E/F)| \leq [E : F]$.

证明 因 E/F 是有限扩张, 故 $E = F(u_1, \cdots, u_l)$, 其中 $u_1, \cdots, u_l$ 是 F 上的代数元. 令 $f_i(x)$ 是 u_i 在 F 上的极小多项式. 则 $\mathrm{Gal}(E/F)$ 中的任一元 σ 由 σ 在 $u_1, \cdots, u_l$ 上的取值唯一确定; 另一方面, 由 $0 = f_i(u_i)$ 知 $0 = \sigma(f_i(u_i)) = f_i(\sigma(u_i))$, 即 $\sigma(u_i)$ 也是 $f_i(x)$ 的根, $1 \leq i \leq l$. 因此 σ 在 $u_1, \cdots, u_l$ 上取值只有有限种可能性, 从而 $|\mathrm{Gal}(E/F)| < \infty$.

设 $\mathrm{Gal}(E/F) = \{\tau_1, \cdots, \tau_n\}$. 用反证法. 假定 $[E : F] < n$, 设 $\alpha_1, \cdots, \alpha_m$ 是 E 在 F 上的一组基. 因为 $m < n$, 故 n 行 m 列矩阵

$$\begin{pmatrix} \tau_1(\alpha_1) & \tau_1(\alpha_2) & \cdots & \tau_1(\alpha_m) \\ \tau_2(\alpha_1) & \tau_2(\alpha_2) & \cdots & \tau_2(\alpha_m) \\ \vdots & \vdots & & \vdots \\ \tau_n(\alpha_1) & \tau_n(\alpha_2) & \cdots & \tau_n(\alpha_m) \end{pmatrix}$$

的秩不超过 m, 从而这个矩阵的 n 个行向量必 E-线性相关. 于是存在 E 中不全为零的元 $c_1, \cdots, c_n$ 使得

$$\sum_{1 \leq i \leq n} c_i \tau_i(\alpha_j) = 0, \; 1 \leq j \leq m.$$

对于群 E^* 中任意元 g 存在 $a_j \in F$ 使得 $g = \sum_{1 \leq j \leq m} a_j \alpha_j$, 因此

$$\sum_{1 \leq i \leq n} c_i \tau_i(g) = \sum_{1 \leq i \leq n} c_i \tau_i \left(\sum_{1 \leq j \leq m} a_j \alpha_j \right) = \sum_{1 \leq j \leq m} a_j \left(\sum_{1 \leq i \leq n} c_i \tau_i(\alpha_j) \right) = 0.$$

因为 $\tau_1, \cdots, \tau_n$ 是群 E^* 的两两不同的 E-线性特征标, 上式与戴德金无关性引理相矛盾. ∎

在下面的定理 1.5 中我们将看到, 若命题 1.4 中的不等式取等号, 则 E/F 恰是有限伽罗瓦扩张.

1.4 有限伽罗瓦扩张*

设 E/F 为域扩张. 在本书中, 如果 E/F 既是可分扩张又是正规扩张 (参见附录 II 定义 10.13), 则 E/F 称为伽罗瓦扩张; 如果 E/F 既是有限扩张又是伽罗瓦扩张, 则 E/F 称为有限伽罗瓦扩张, 即 E/F 是有限可分正规扩张. 有限伽罗瓦扩张可等价地描述为可分多项式的分裂域 (参见附录 II 定理 10.14).

需要指出的是, 不同文献对伽罗瓦扩张有不同的定义. 有的文献称 E/F 为伽罗瓦扩张, 如果 E 是 F 上可分多项式在 F 上的分裂域. 也有的文献称 E/F 为伽罗瓦扩张, 如果 $\mathrm{Inv}(\mathrm{Gal}(E/F)) = F$. 还有的文献称 E/F 为伽罗瓦扩张, 如果 $|\mathrm{Gal}(E/F)| = [E:F]$. 伽罗瓦扩张的这四种定义一般来说互不等价. 下述定理表明当 E/F 是有限扩张时它们彼此等价. 下述定理中的四个等价条件可以认为分别是从 "内部"、"外部"、"数量关系" 和 "伽罗瓦对应" 四个方面对有限伽罗瓦扩张的等价描述.

定理 1.5 设 E/F 为域扩张. 则下述命题等价:

(i) E/F 是有限伽罗瓦扩张;

(ii) E 是 F 上可分多项式在 F 上的分裂域;

(iii) E/F 是有限扩张且 $|\mathrm{Gal}(E/F)| = [E:F]$;

(iv) $G = \mathrm{Gal}(E/F)$ 是有限群且 $\mathrm{Inv}(\mathrm{Gal}(E/F)) = F$.

证明 (i) $\Longrightarrow$ (ii): 参见附录 II 定理 10.14 (ii) 的必要性的证明.

(ii) $\Longrightarrow$ (iii): 设 E 是 F 上可分多项式 $f(x)$ 在 F 上的分裂域. 则 E/F 是有限扩张且由附录 II 推论 10.7 知 $|\mathrm{Gal}(E/F)| = [E:F]$.

(iii) $\Longrightarrow$ (iv): 由 (iii) 即知 $\mathrm{Gal}(E/F)$ 是有限群. 由定义知 $F \subseteq \mathrm{Inv}(\mathrm{Gal}(E/F))$. 于是

$$[E : \mathrm{Inv}(\mathrm{Gal}(E/F))] \overset{\text{假设}}{\leq} [E : F] \xlongequal{\text{假设}} |\mathrm{Gal}(E/F)|$$

$$\xlongequal{\text{引理}1.1} |\mathrm{Gal}(E/\mathrm{Inv}(\mathrm{Gal}(E/F)))|$$

$$\overset{\text{命题}1.4}{\leq} [E : \mathrm{Inv}(\mathrm{Gal}(E/F))],$$

从而 $[E : \mathrm{Inv}(\mathrm{Gal}(E/F))] = [E : F]$, 由此即得 $\mathrm{Inv}(\mathrm{Gal}(E/F)) = F$.

(iv) $\Longrightarrow$ (i): 我们有

$$[E : F] \xlongequal{\text{假设}} [E : \mathrm{Inv}(\mathrm{Gal}(E/F))] \overset{\text{阿廷引理}}{\leq} |\mathrm{Gal}(E/F)| \overset{\text{假设}}{<} \infty.$$

设 $u \in E$ 且 u 在 F 上的极小多项式为 $f(x)$. 令

$$Gu = \{\sigma(u) \mid \sigma \in G\} = \{u = u_1, \cdots, u_r\} \subseteq E.$$

则每个 u_i 均是 $f(x)$ 的根. 于是 $g(x) = (x - u_1) \cdots (x - u_r) \in E[x]$ 是 $f(x)$ 在 $E[x]$ 中的因子. 对于任意 $\sigma \in G$, 由 $u_1, \cdots, u_r$ 的构造知 $\prod_{1 \leq i \leq r}(x - \sigma(u_i)) = g(x)$. 将 $g(x)$ 写成 $g(x) = g_0 + g_1 x + \cdots + x^r$, 则 $g(x) = \prod_{1 \leq i \leq r}(x - \sigma(u_i))$ 意味着对任意 i 有 $\sigma(g_i) = g_i$, $\forall \sigma \in G$, 即 $g_i \in \mathrm{Inv}(G) = F$. 于是 $g(x) \in F[x]$; 再由 $f(x)$ 在 F 上的不可约性知 $f(x) = g(x)$. 由可分和正规扩域的定义即知 E/F 是可分正规扩张. ∎

例 1.6 设 E 是有限域 F 的有限扩张. 则 E/F 是有限伽罗瓦扩张.

事实上, 设 $|E| = p^n$. 则 E 是无重根多项式 $x^{p^n} - x$ 在 $\mathbb{Z}_p$ 上的分裂域, 从而 E 是 $x^{p^n} - x$ 在 F 上的分裂域. ∎

习 题

1. 设 E 是 F 的 2 次扩张且 F 的特征不为 2. 则 E/F 是伽罗瓦扩张, 且存在 $a \in E$ 使得 $a^2 \in F$, $E = F(a)$. 由此说明复数域 $\mathbb{C}$ 没有 2 次扩张.

2. 设 $E = \mathbb{Q}(\alpha)$, 其中 $\mathbb{Q}$ 是有理数域, α 是 $f(x) = x^3 + x^2 - 2x - 1$ 的根. 则 $\alpha^2 - 2$ 也是 $f(x)$ 的根且 $E/\mathbb{Q}$ 是有限伽罗瓦扩张.

3. 设 F 是特征 p 的域, $f(x) = x^p - x - c$ 是 $F[x]$ 中的不可约多项式, E 是 $f(x)$ 在 F 上的分裂域. 确定伽罗瓦群 $\mathrm{Gal}(E/F)$.

4. 设 E/F 为有限伽罗瓦扩张, $G = \mathrm{Gal}(E/F)$, $\alpha \in E$, $G\alpha = \{\alpha = \alpha_1, \cdots, \alpha_r\}$. 则 α 在 F 上的极小多项式为 $\prod_{1 \le i \le r}(x - \alpha_i)$.

5. 设 $f_1, \cdots, f_n$ 是域 F 到域 K 的两两不同的单同态. 证明 $f_1, \cdots, f_n$ 是 K-线性无关的. (提示: 利用戴德金无关性引理.)

6. 设 E/F 为域的有限扩张, K/F 为域扩张. 则 E 到 K 的 F-嵌入 (指保持 F 中元不动的单同态 $E \to K$) 的个数不超过 $[E : F]$. (提示: 利用上题及命题 1.4 的证明方法.)

7. 证明正规基定理: 若 E/F 是有限伽罗瓦扩张, 则存在 $a \in E$ 使得 $\{\sigma(a) \mid \sigma \in \mathrm{Gal}(E/F)\}$ 是 E 的一组 F-基. (提示: 利用附录 II 中定理 10.11 及戴德金无关性引理.)

8. 求 $\mathbb{Q}(\sqrt{2}, \sqrt{3})/\mathbb{Q}$ 的一组正规基.

9. (阿廷定理) 设 G 是域 E 的自同构群的有限子群, $F = \mathrm{Inv}(G)$. 则 E/F 是有限伽罗瓦扩张且 $\mathrm{Gal}(E/F) = G$. (提示: 利用引理 1.2、命题 1.4 和定理 1.5.)

10. 设 E/F 为域的有限扩张. 证明: $|\mathrm{Gal}(E/F)|$ 整除 $[E : F]$. (提示: 利用上题.)

11. 设 E/F 为域的有限扩张. 证明: E/F 是正规扩张当且仅当 $F[x]$ 中任意不可约多项式 $f(x)$ 在 $E[x]$ 中的所有不可约因子均有相同的次数. (提示: 利用同构延拓定理.)

§2. 伽罗瓦理论基本定理

如何解读上帝的密码

从简单的例子出发吧

伽罗瓦理论基本定理是说: 对于有限伽罗瓦扩张, 伽罗瓦对应是反序的一一对应, 并且保持共轭性.

2.1 表述及意义

设 E/F 是有限伽罗瓦扩张, $G = \mathrm{Gal}(E/F) = \{\sigma : E \to E$ 是域同构 $\mid \sigma(a) = a,\ \forall\, a \in F\}$. 由附录 II 推论 10.7 知 $|G| = [E : F]$. 如同上节, 令 $\Omega = \{E/F$ 的中间域$\}$, $\Gamma = \{G$ 的子群$\}$. 考虑伽罗瓦对应

$$\mathrm{Gal}(E/-):\ \Omega \to \Gamma,\ \text{其中}\ \mathrm{Gal}(E/-)(M) = \mathrm{Gal}(E/M),\ \forall\, M \in \Omega,$$

$$\mathrm{Inv}:\ \Gamma \to \Omega,\ \text{其中}\ \mathrm{Inv}(H) = \{a \in E \mid \sigma(a) = a,\ \forall\, \sigma \in H\},$$

$$\forall\, H \in \Gamma.$$

直接由有限伽罗瓦扩张的定义就可以知道: 对于任意中间域 $M \in \Omega$, E/M 也是有限伽罗瓦扩张, 从而由附录 II 推论 10.7 和望远镜公式知

$$[E : M] = |\mathrm{Gal}(E/M)|,\quad [M : F] = [G : \mathrm{Gal}(E/M)] = \frac{|G|}{|\mathrm{Gal}(E/M)|}.$$

域扩张 E/F 的两个中间域 M, M' 称为共轭的, 如果存在 $\sigma \in \mathrm{Gal}(E/F)$ 使得 $M' = \sigma(M)$. 显然, 共轭关系是 Ω 上的等价关系.

定理 2.1 (伽罗瓦理论基本定理)　设 E/F 是有限伽罗瓦扩张, $G = \mathrm{Gal}(E/F)$. 则

(i)　$\mathrm{Gal}(E/-): \Omega \to \Gamma$ 和 $\mathrm{Inv}: \Gamma \to \Omega$ 是互逆的反序的映射, 即有

$$\mathrm{Inv}(\mathrm{Gal}(E/M)) = M, \ \mathrm{Gal}(E/\mathrm{Inv}(H)) = H, \ \forall M \in \Omega, \ \forall H \in \Gamma.$$

从而 $[E:\mathrm{Inv}(H)] = |H|$, $[\mathrm{Inv}(H):F] = [G:H]$, $\forall H \in \Gamma$.

(ii)　G 的子群 H 和 H' 是共轭的当且仅当中间域 $\mathrm{Inv}(H)$ 和 $\mathrm{Inv}(H')$ 是共轭的.

G 的子群 H 是正规子群当且仅当 $\mathrm{Inv}(H)/F$ 是正规扩张. 在这种情况下, 有 $\mathrm{Gal}(\mathrm{Inv}(H)/F) \cong G/H$.

利用 (i), 将 (ii) 的话倒过来说就得到 (ii) 的如下等价表述.

(ii′)　E/F 的中间域 M 和 M' 共轭当且仅当 $\mathrm{Gal}(E/M)$ 和 $\mathrm{Gal}(E/M')$ 是 G 的共轭子群.

设 $M \in \Omega$. 则 M/F 是正规扩张当且仅当 $\mathrm{Gal}(E/M)$ 是 G 的正规子群. 在这种情况下, 有 $\mathrm{Gal}(E/F)/\mathrm{Gal}(E/M) \cong \mathrm{Gal}(M/F)$.

注记 2.2　伽罗瓦理论基本定理的意义可以从如下几方面体会.

首先, 它在两个重要数学概念群和域之间建立了深刻、简洁而优美的一一对应关系. 利用这种伽罗瓦对应, 经常可以将许多有关域的问题转化为有限群的问题并得到解决. 例如, 在 §5 中我们将看到, 可以将多项式方程的根式可解性转化为其伽罗瓦群的可解性, 从而彻底解决了 "向人类智慧挑战" 的古典数学难题. 利用伽罗瓦对应, 也可以解决诸如 e 和 π 的超越性、对哪些正整数 n, 正 n 边形能够用尺规构造等数学难题. 任何像这种通过引入新的不同的数学概念、在这些概念之间建立深刻联系、并由此能够解决难题的工作在数学上均是超一流的.

其二, 它开创了一个模式: 建立不同研究对象之间的反序的一一对应, 从而可在两者之间进行转化和互补性研究. 读者可以留意不同数学领域中遇到的伽罗瓦型定理.

其三, 伽罗瓦理论中创立和使用的群和域, 意味着以代数结构为研究对象的近世代数学的开始. 而群论及其所描述的对称性, 其应用和影响已远远超出数学领域, 成为科学技术乃至人文科学中的基本工具和观念.

2.2 证明

为了证明伽罗瓦理论基本定理, 我们需要下述命题. 它给出了有限正规扩张 E/F 的中间域是正规扩张的伽罗瓦群描述. 这个命题的证明本质上只用到同构延拓定理.

命题 2.3 设 E/F 为有限正规扩张, M 是 E/F 的中间域. 则 M/F 是正规扩张当且仅当 $\sigma(M) = M$, $\forall\, \sigma \in \mathrm{Gal}(E/F)$.

证明 设 M/F 是正规扩张. 则 M/F 是有限正规扩张. 由定理 1.5 中 (i) $\Longrightarrow$ (ii) 的证明 (或附录 II 定理 10.14) 知 M 是 $F[x]$ 中某一多项式 $f(x)$ 在 F 上的分裂域, 故 $M = F(\alpha_1, \cdots, \alpha_m)$, 其中 $\alpha_1, \cdots, \alpha_m$ 是 $f(x)$ 的全部两两不同的根 (每个重根只取一次). 设 $\sigma \in \mathrm{Gal}(E/F)$. 将诱导环同构 $\sigma : E[x] \to E[x]$ 作用在 $f(x) = (x - \alpha_1)^{a_1} \cdots (x - \alpha_m)^{a_m} \in F[x]$ 上, 我们得到 $(x - \alpha_1)^{a_1} \cdots (x - \alpha_m)^{a_m} = f(x) = \sigma(f(x)) = (x - \sigma(\alpha_1))^{a_1} \cdots (x - \sigma(\alpha_m))^{a_m}$. 因此 $\sigma(\alpha_1), \cdots, \sigma(\alpha_m)$ 是 $\alpha_1, \cdots, \alpha_m$ 的一个置换, 从而 $\sigma(M) = F(\sigma(\alpha_1), \cdots, \sigma(\alpha_m)) = F(\alpha_1, \cdots, \alpha_m) = M$.

反之, 设 $\sigma(M) = M$, $\forall\, \sigma \in \mathrm{Gal}(E/F)$. 设 $\alpha \in M$, $g(x)$ 是 α 在 F 上的极小多项式, β 是 $g(x)$ 的任一根. 则存在域同构 $\tau : F(\alpha) \to F(\beta)$, $\tau|_F = \mathrm{Id}$, $\tau(\alpha) = \beta$. 因 E/F 有限正规, 故 E 是 F 上某个多项式 $f(x)$ 在 F 上的分裂域. 从而 $E(\alpha)$ 是 $f(x)$ 在 $F(\alpha)$ 上的分裂域, $E(\beta)$ 是 $f(x)$ 在 $F(\beta)$ 上的分裂域. 由同构延拓定理 (附录 II 定理 10.5) 知 τ 可延拓为域同构 $\sigma : E(\alpha) \to E(\beta)$. 因 $\alpha \in E$ 且 E/F 正规, 故 $\beta \in E$. 从而 $E(\alpha) = E = E(\beta)$, 于是 $\sigma \in \mathrm{Gal}(E/F)$. 从而 $\beta = \tau(\alpha) = \sigma(\alpha) \in \sigma(M) = M$, 即 M/F 正规. ∎

定理 2.1 的证明.　　(i)　因 E/M 是有限伽罗瓦扩张, 故由定理 1.5 (iv) 知 $M = \text{Inv}(\text{Gal}(E/M))$. 即得定理 2.1 中第一式.

不用定理 1.5 上式可证明如下. 由定义有 $M \subseteq \text{Inv}(\text{Gal}(E/M))$. 因 $E/\text{Inv}(\text{Gal}(E/M))$ 和 E/M 均是有限伽罗瓦扩张, 故由附录 II 推论 10.7 和引理 1.1 (iii) 知

$$[E : \text{Inv}(\text{Gal}(E/M))] = |\text{Gal}(E/\text{Inv}(\text{Gal}(E/M)))|$$
$$= |\text{Gal}(E/M)| = [E : M].$$

由此即得 $M = \text{Inv}(\text{Gal}(E/M))$.

下证定理 2.1 (i) 中第二式. 由定义有 $H \subseteq \text{Gal}(E/\text{Inv}(H))$. 因 $E/\text{Inv}(H)$ 是有限伽罗瓦扩张, 由附录 II 推论 10.7 知

$$|H| \leq |\text{Gal}(E/\text{Inv}(H))| = [E : \text{Inv}(H)].$$

又由阿廷引理知 $[E : \text{Inv}(H)] \leq |H|$, 从而 $|H| = |\text{Gal}(E/\text{Inv}(H))|$, $\text{Gal}(E/\text{Inv}(H)) = H$.

(ii)　由 (i) 知存在 $\sigma \in G$ 使得 $\sigma H \sigma^{-1} = H'$ 当且仅当 $\text{Inv}(\sigma H \sigma^{-1}) = \text{Inv}(H')$. 而

$$\begin{aligned}
\text{Inv}(\sigma H \sigma^{-1}) &= \{a \in E \mid \sigma h \sigma^{-1}(a) = a, \ \forall\, h \in H\} \\
&= \{a \in E \mid h\sigma^{-1}(a) = \sigma^{-1}(a), \ \forall\, h \in H\} \\
&= \{a \in E \mid \sigma^{-1}(a) \in \text{Inv}(H)\} \\
&= \sigma(\text{Inv}(H)),
\end{aligned}$$

从而 H 和 H' 共轭当且仅当 $\text{Inv}(H)$ 和 $\text{Inv}(H')$ 共轭. 由此也看出 H 是 G 的正规子群当且仅当 $\text{Inv}(H) = \sigma(\text{Inv}(H))$, $\forall\, \sigma \in G$; 由命题 2.3, 这当且仅当 $\text{Inv}(H)$ 是 F 的正规扩域.

设 H 是 G 的正规子群. 因为 $\sigma(\text{Inv}(H)) = \text{Inv}(H)$, $\forall\, \sigma \in G$, 故有映射

$$\pi: \ G \to \text{Gal}(\text{Inv}(H)/F), \quad \sigma \mapsto \sigma|_{\text{Inv}(H)}.$$

显然 π 是群同态, 且

$$\mathrm{Ker}\,\pi = \{\sigma \in G \mid \sigma|_{\mathrm{Inv}(H)} = \mathrm{Id}_{\mathrm{Inv}(H)}\} = \mathrm{Gal}(E/\mathrm{Inv}(H)) = H.$$

于是 π 诱导出群的单同态 $G/H \to \mathrm{Gal}(\mathrm{Inv}(H)/F)$. 因为 $\mathrm{Inv}(H)$ 是 F 的正规扩域, 故

$$|\mathrm{Gal}(\mathrm{Inv}(H)/F)| = [\mathrm{Inv}(H) : F] = \frac{[E : F]}{[E : \mathrm{Inv}(H)]}$$
$$= \frac{|G|}{|\mathrm{Gal}(E/\mathrm{Inv}(H))|} = \frac{|G|}{|H|},$$

从而上述单同态是群同构. ∎

2.3 注记与例子

注记 2.4 从上述证明可见: 有了 "有限伽罗瓦扩张" 与 "可分多项式的分裂域" 的等价性, 伽罗瓦理论基本定理的证明只用到同构延拓定理及其推论 10.7, 阿廷引理和命题 2.3. 而命题 2.3 的证明也只用到同构延拓定理. 因此, 从核心技术上讲, 只用同构延拓定理和阿廷引理就可以得到伽罗瓦理论基本定理. 换言之, 不需 §1 中 1.3 和 1.4 两小节就可以完成伽罗瓦理论基本定理的证明 (而且后面也不会用到这两小节). 这是本书在技术处理上强调同构延拓定理的理由.

例 2.5 设 E/F 是有限伽罗瓦扩张, $G = \mathrm{Gal}(E/F)$, H_1, H_2 是 G 的子群, $M_i = \mathrm{Inv}(H_i)$, $i = 1, 2$. 用 $\langle H_1, H_2 \rangle$ 表示由 H_1 和 H_2 生成的 G 的子群, 用 $M_1 M_2$ 表示由 M_1 和 M_2 生成的 E 的子域. 它恰是所有有限和 $\sum a_i b_i$ 作成的 E 的子域, 其中 $a_i \in M_1, b_i \in M_2$. 则

$$\mathrm{Inv}(\langle H_1, H_2 \rangle) = M_1 \cap M_2; \quad \mathrm{Inv}(H_1 \cap H_2) = M_1 M_2.$$

事实上, 因 $\langle H_1, H_2 \rangle \supseteq H_i$, $i = 1, 2$, 故 $\mathrm{Inv}(\langle H_1, H_2 \rangle) \subseteq M_1 \cap M_2$. 反过来, 由定义知 $M_1 \cap M_2$ 中的元被 H_1 和 H_2 固定, 从而被 $\langle H_1, H_2 \rangle$ 固定, 即 $M_1 \cap M_2 \subseteq \mathrm{Inv}(\langle H_1, H_2 \rangle)$. 这就说明了第一个等式.

对于第二个等式, 由定义知 M_1M_2 中的元被 $H_1 \cap H_2$ 固定, 即 $M_1M_2 \subseteq \mathrm{Inv}(H_1 \cap H_2)$. 反过来, 要证 $\mathrm{Inv}(H_1 \cap H_2) \subseteq M_1M_2$, 由伽罗瓦理论基本定理, 即要证 $\mathrm{Gal}(E/M_1M_2) \subseteq H_1 \cap H_2$. 而由定义知这是显然的, 即固定 M_1M_2 中所有元的 E 的自同构当然在 $H_1 \cap H_2$ 中. ∎

例 2.6 我们以 $E/\mathbb{Q} = \mathbb{Q}(\sqrt[4]{5}, i)/\mathbb{Q}$ 为例, 通过直接计算来验证伽罗瓦理论基本定理. 读者则可将伽罗瓦理论基本定理应用于此, 以较短的篇幅得到同样的结论.

显然, E 是多项式 $f(x) = x^4 - 5$ 在有理数域 $\mathbb{Q}$ 上的分裂域, 且

$$[E : \mathbb{Q}] = [\mathbb{Q}(\sqrt[4]{5})(i) : \mathbb{Q}(\sqrt[4]{5})][\mathbb{Q}(\sqrt[4]{5}) : \mathbb{Q}] = 2 \times 4 = 8.$$

从而由附录 II 推论 10.7 知 $\mathrm{Gal}(E/\mathbb{Q})$ 是 8 阶群; $\mathrm{Gal}(E/\mathbb{Q})$ 中任一元 τ 由 τ 在 $\sqrt[4]{5}$ 和 i 上的作用唯一确定, 而 τ 必将 $x^4 - 5$ 的根变到 $x^4 - 5$ 的根, 也必将 $x^2 + 1$ 的根变到 $x^2 + 1$ 的根. 因此 $\mathrm{Gal}(E/\mathbb{Q})$ 的 8 个元为:

$$\tau_1 = \mathrm{Id}_E; \qquad\qquad \tau_2 : \sqrt[4]{5} \mapsto \sqrt[4]{5}i,\ i \mapsto i;$$
$$\tau_3 : \sqrt[4]{5} \mapsto -\sqrt[4]{5},\ i \mapsto i; \qquad \tau_4 : \sqrt[4]{5} \mapsto -\sqrt[4]{5}i,\ i \mapsto i;$$
$$\tau_5 : \sqrt[4]{5} \mapsto \sqrt[4]{5},\ i \mapsto -i; \qquad \tau_6 : \sqrt[4]{5} \mapsto -\sqrt[4]{5},\ i \mapsto -i;$$
$$\tau_7 : \sqrt[4]{5} \mapsto \sqrt[4]{5}i,\ i \mapsto -i; \qquad \tau_8 : \sqrt[4]{5} \mapsto -\sqrt[4]{5}i,\ i \mapsto -i.$$

易知 4 阶元 τ_2 和 2 阶元 τ_5 生成 $\mathrm{Gal}(E/\mathbb{Q})$ 且 $\tau_5\tau_2 = \tau_2^3\tau_5$, 故 $\mathrm{Gal}(E/\mathbb{Q})$ 是二面体群 D_4.

将 $x^4 - 5 = 0$ 的 4 个根分别记为 $r_1 = \sqrt[4]{5}$, $r_2 = \sqrt[4]{5}i$, $r_3 = -\sqrt[4]{5}$, $r_4 = -\sqrt[4]{5}i$. 设 $\tau \in \mathrm{Gal}(E/\mathbb{Q})$. 则 $\tau(r_1)$, $\tau(r_2)$, $\tau(r_3)$, $\tau(r_4)$ 是 r_1, r_2, r_3, r_4 的一个置换. 由此得到 $\mathrm{Gal}(E/\mathbb{Q})$ 到对称群 S_4 的一个群同态. 因为 τ 完全由 τ 在 r_1, r_2, r_3, r_4 上的取值所唯一确定, 因而这个群同态是单射, 从而 $\mathrm{Gal}(E/\mathbb{Q})$ 等同于 S_4 的子群

$$D_4 = \{\tau_1 = (1),\ \tau_2 = (1234),\ \tau_3 = (13)(24),\ \tau_4 = (1432),$$
$$\tau_5 = (24),\ \tau_6 = (13),\ \tau_7 = (12)(34),\ \tau_8 = (14)(23)\},$$

其中 (24) 表示 $(r_2 r_4)$, 等等. D_4 有 10 个子群, 其中 3 个 4 阶正规子群

$$H_1 = \{(1), (12)(34), (13)(24), (14)(23)\},$$
$$H_2 = \langle (1234) \rangle,$$
$$H_3 = \{(1), (13), (24), (13)(24)\}$$

和 5 个 2 阶子群

$$H_4 = \langle (12)(34) \rangle, \ H_5 = \langle (14)(23) \rangle,$$
$$H_6 = \langle (13)(24) \rangle, \ H_7 = \langle (13) \rangle, \ H_8 = \langle (24) \rangle,$$

其中 H_6 是 $\mathrm{Gal}(E/\mathbb{Q})$ 的中心, 从而是正规子群, 而 H_4, H_5, H_7, H_8 均非正规子群. 记 $H_0 = \mathrm{Gal}(E/\mathbb{Q}) = D_4$, $H_9 = \{1\}$, $\Gamma = \{\mathrm{Gal}(E/\mathbb{Q})$ 的子群$\} = \{H_i \mid 0 \le i \le 9\}$.

我们来计算 $F_i = \mathrm{Inv}(H_i)$, $0 \le i \le 9$. 根据单扩张的结构, E 中任一元可唯一表达成

$$\alpha = a_1 + a_2 \sqrt[4]{5} + a_3 \sqrt{5} + a_4 \sqrt[4]{5^3} + b_1 i + b_2 \sqrt[4]{5}i + b_3 \sqrt{5}i + b_4 \sqrt[4]{5^3}i, \ a_i, b_i \in \mathbb{Q}.$$

例如, 我们计算 $F_4 = \mathrm{Inv}(H_4) = \{\alpha \in E \mid \tau_7(\alpha) = \alpha\}$. 因为

$$\tau_7(\alpha) = a_1 + a_2 \sqrt[4]{5}i - a_3 \sqrt{5} - a_4 \sqrt[4]{5^3}i - b_1 i + b_2 \sqrt[4]{5} + b_3 \sqrt{5}i - b_4 \sqrt[4]{5^3},$$

比较 $\tau_7(\alpha)$ 和 α 的系数, 我们知道: $\tau_7(\alpha) = \alpha$ 当且仅当

$$\alpha = a_1 + a_2 \sqrt[4]{5} + a_4 \sqrt[4]{5^3} + a_2 \sqrt[4]{5}i + b_3 \sqrt{5}i - a_4 \sqrt[4]{5^3}i, \ a_i, b_i \in \mathbb{Q}.$$

故 $F_4 = \mathbb{Q}(\sqrt[4]{5}(1+i), \sqrt[4]{5^3}(1-i), \sqrt{5}i) = \mathbb{Q}(\sqrt[4]{5}(1+i), \sqrt{5}i) = \mathbb{Q}(\sqrt[4]{5}(1+i))$. 同理, 我们有

$$F_0 = \mathbb{Q}, \ \ F_9 = E, \ \ F_1 = \mathbb{Q}(\sqrt{5}i), \ \ F_2 = \mathbb{Q}(i), \ \ F_3 = \mathbb{Q}(\sqrt{5}),$$
$$F_4 = \mathbb{Q}(\sqrt[4]{5}(1+i)), \ \ F_5 = \mathbb{Q}(\sqrt[4]{5}(1-i)), \ \ F_6 = \mathbb{Q}(\sqrt{5}, i),$$
$$F_7 = \mathbb{Q}(\sqrt[4]{5}i), \ \ F_8 = \mathbb{Q}(\sqrt[4]{5}).$$

显然我们有 $[F_i : \mathbb{Q}] = 2$, $i = 1, 2, 3$, 从而 $[E : F_i] = 4$, $i = 1, 2, 3$. 也容易看出 $[F_i : \mathbb{Q}] = 4$, $i = 4, 5, 6, 7, 8$, 从而 $[E : F_i] = 2$, $i = 4, 5, 6, 7, 8$. 在所有的情形下我们有 $[E : F_i] = |H_i|$, $1 \leq i \leq 8$. 因为 E 也是 F_i 上多项式 $x^5 - 4$ 在 F_i 上的分裂域, 故由附录 II 推论 10.7 知 $|\mathrm{Gal}(E/F_i)| = [E : F_i]$. 由定义知 $H_i \subseteq \mathrm{Gal}(E/\mathrm{Inv}(H_i))$, 从而

$$|H_i| \leq |\mathrm{Gal}(E/\mathrm{Inv}(H_i))| = |\mathrm{Gal}(E/F_i)| = [E : F_i] = |H_i|,$$

故 $\mathrm{Gal}(E/\mathrm{Inv}(H_i)) = H_i$, $0 \leq i \leq 9$, 即得伽罗瓦理论基本定理中 (i) 的第二个等式.

设 M 是 $E/\mathbb{Q}$ 的任意中间域. 又由定义有 $M \subseteq \mathrm{Inv}(\mathrm{Gal}(E/M))$. 因 $E/\mathrm{Inv}(\mathrm{Gal}(E/M))$ 和 E/M 分别是 $x^5 - 4$ 在 $\mathrm{Inv}(\mathrm{Gal}(E/M))$ 上和 M 上的分裂域, 故由附录 II 推论 10.7 和引理 1.1 (iii) 知

$$[E : \mathrm{Inv}(\mathrm{Gal}(E/M))] = |\mathrm{Gal}(E/\mathrm{Inv}(\mathrm{Gal}(E/M)))|$$
$$= |\mathrm{Gal}(E/M)| = [E : M],$$

由此即得 $M = \mathrm{Inv}(\mathrm{Gal}(E/M))$. 这就验证了伽罗瓦理论基本定理中 (i) 的第一个等式; 由此我们也看到 $\Omega = \{E/\mathbb{Q}$ 的中间域$\} = \{F_i \mid 0 \leq i \leq 9\}$: 事实上, 存在 H_i 使得 $\mathrm{Gal}(E/M) = H_i$, 从而 $M = \mathrm{Inv}(\mathrm{Gal}(E/M)) = \mathrm{Inv}(H_i) = F_i$. 至此我们通过直接计算验证了伽罗瓦理论基本定理中的 (i), 其中伽罗瓦对应如下图所示.

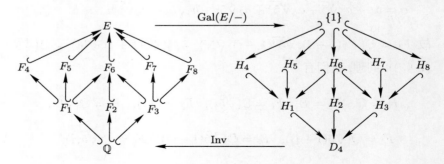

现在验证伽罗瓦理论基本定理中 (ii). 首先注意到 H_i 是正规子群当且仅当 $i = 0, 1, 2, 3, 6, 9$; 而 $F_i/\mathbb{Q}$ 是正规扩张也当且仅当 $i = 0, 1, 2, 3, 6, 9$: 例如, $\mathbb{Q}$ 上不可约多项式 $x^4 - 20$ 有一个根 $\sqrt[4]{5}(1+i)$ 在 $F_4 = \mathbb{Q}(\sqrt[4]{5}(1+i))$ 中, 但其余的根均不在 F_4 中, 因此 $F_4/\mathbb{Q}$ 不是正规扩张.

其次, $(13)H_4(13) = H_5$, $(12)(34)H_7(12)(12)(34) = H_8$; 又 $(12)(34)$ 的中心化子是 4 阶群 H_1, (13) 的中心化子是 4 阶群 H_3, 故 H_4 和 H_7 均只有两个共轭子群. 于是 H_4 与 H_5 共轭, H_7 与 H_8 共轭, 但 H_4 和 H_7 不共轭. 再由 $\mathrm{Inv}(\sigma H \sigma^{-1}) = \sigma(\mathrm{Inv}(H))$ 即知 F_4 与 F_5 共轭, F_7 与 F_8 共轭, 但 F_4 和 F_7 不共轭.   ■

例 2.7 看一个有限域的例子. 用 F_{p^n} 表示 p^n 元域. 令 $E = F_{2^6}$, $F = F_2$. 则 E 是 F 上不可约多项式 $f(x) = x^6 + x + 1$ 在 F 上的分裂域. 设 u 是 $f(x)$ 的一个根, 即 $u^6 = u + 1$. 则 $E = F(u) = \{a_0 + a_1 u + a_2 u^2 + a_3 u^3 + a_4 u^4 + a_5 u^5 \mid a_i = 0, 1; \ 0 \le i \le 5\}$.

这次我们将伽罗瓦理论基本定理应用到有限伽罗瓦扩张 E/F 上. 由有限域的结构定理知 $\mathrm{Gal}(E/F) = \langle \sigma \rangle \cong \mathbb{Z}_6$, 其中 $\sigma(u) = u^2$. 故 $\mathrm{Gal}(E/F)$ 的全部子群为

$$H_1 = \{1\}, \quad H_2 = \langle \sigma^3 \rangle \cong \mathbb{Z}_2,$$
$$H_3 = \langle \sigma^2 \rangle \cong \mathbb{Z}_3, \quad H_4 = \mathrm{Gal}(E/F) = \langle \sigma \rangle \cong \mathbb{Z}_6.$$

令 $K_i = \mathrm{Inv}(H_i)$, $1 \le i \le 4$. 由伽罗瓦理论基本定理知 K_i, $1 \le i \le 4$, 是 E/F 的全部中间域且有 $\mathrm{Gal}(E/K_i) = \mathrm{Gal}(E/\mathrm{Inv}(H_i)) = H_i$. 因为 $[K_i : F_2] = [\mathbb{Z}_6 : H_i]$, 所以

$$K_1 = E, \quad K_2 = F(u + u^2 + u^4) \cong F_{2^3},$$
$$K_3 = F(u + u^3 + u^4 + u^5) \cong F_{2^2}, \quad K_4 = F_2,$$

其中 $u + u^2 + u^4$ 在 F 上的极小多项式为 $x^3 + x^2 + 1$, $u + u^3 + u^4 + u^5$ 在 F 上的极小多项式为 $x^2 + x + 1$. 伽罗瓦对应如下图所示.   ■

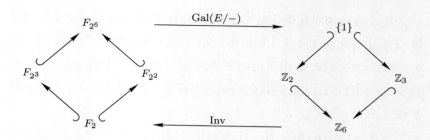

2.4　代数基本定理[*]

方程的求根公式和代数基本定理是古典代数学的两大中心问题. 关于代数基本定理的研究可追溯到 15 世纪, 它有多种不同的证明, 主要分为复分析、拓扑和代数的方法. 高斯在其博士论文中给出了第一个广为接受的证明; 他一生给过四个证明, 其中第四个是第一个的改进. 有兴趣的读者可参阅 [FR] 或 Wiki 网站. 利用伽罗瓦理论基本定理可以给出代数基本定理的一个代数的证明 (当然这仍然要用到连续函数的介值定理).

域 K 称为代数闭域, 如果 $K[x]$ 中任一多项式均在 K 中有根; 这等价于说, $K[x]$ 中任一多项式的全部根都在 K 中; 也等价于说 K 的有限扩域只有 K 自身.

定理 2.8 (代数基本定理)　复数域 $\mathbb{C}$ 是代数闭域.

证明　设 $E/\mathbb{C}$ 是域的有限扩张. 则 E 也是实数域 $\mathbb{R}$ 的有限扩张. 于是 $E = \mathbb{R}(a_1, \cdots, a_n)$, 其中每个 a_i 均是 $\mathbb{R}$ 上的代数元. 设 $f_i(x)$ 是 a_i 在 $\mathbb{R}$ 上的极小多项式, N 是 $f(x) = f_1(x) \cdots f_n(x)$ 在 $\mathbb{R}$ 上的分裂域. 则 $\mathbb{C} \subseteq E \subseteq N$. 因为 $\mathbb{R}$ 的特征为零, $N/\mathbb{R}$ 和 $N/\mathbb{C}$ 均是有限伽罗瓦扩张. 只要证明 $N = \mathbb{C}$, 或等价地, $|\mathrm{Gal}(N/\mathbb{C})| = 1$.

(反证) 假设 $|\mathrm{Gal}(N/\mathbb{C})| \neq 1$. 考虑 $G = \mathrm{Gal}(N/\mathbb{R})$. 则

$$|G| = [N : \mathbb{R}] = [N : \mathbb{C}][\mathbb{C} : \mathbb{R}] = 2[N : \mathbb{C}].$$

设 H 是 G 的西罗 2-子群. 对 $N/\mathbb{R}$ 应用伽罗瓦理论基本定理. 设 $L = \mathrm{Inv}(H)$. 则 $[L : \mathbb{R}] = [G : H]$ 是奇数. 因为 $L/\mathbb{R}$ 是有限可分扩张,

故由附录 II 定理 10.11 知 $L = \mathbb{R}(b)$, 其中 b 在 $\mathbb{R}$ 上的极小多项式的次数 $[L : \mathbb{R}]$ 是奇数. 由连续函数的介值定理易知实数域 $\mathbb{R}$ 上的奇数次多项式必有实根 (必须注意: 这里不可用 "奇数次实系数多项式的复根是成对出现的, 从而必有实根". 为什么?). 因此 $[L : \mathbb{R}] = 1$, $G = H$. 故 G 是 2-群. 由假设 $|\mathrm{Gal}(N/\mathbb{C})| \neq 1$, 于是, 作为 G 的子群, $\mathrm{Gal}(N/\mathbb{C})$ 也是 2-群. 从而 $\mathrm{Gal}(N/\mathbb{C})$ 有指数为 2 的极大子群 P (参见附录 I 引理 9.5 (ii)). 现在对 $N/\mathbb{C}$ 应用伽罗瓦理论基本定理. 设 $M = \mathrm{Inv}(P)$. 则

$$[M : \mathbb{C}] = [\mathrm{Gal}(N/\mathbb{C}) : P] = 2.$$

这与复数域无 2 次扩张 (参见 §1 习题 1) 相矛盾! ∎

习 题

习题 1—6 都是通过伽罗瓦理论基本定理, 将域论问题翻译成有限群的问题加以解决.

1. 设 E/F 是有限伽罗瓦扩张, M 是中间域, $G = \mathrm{Gal}(E/F)$, $H = \mathrm{Gal}(E/M)$. 证明与 M 共轭的中间域的个数等于 $[G : N_G(H)]$, 其中 $N_G(H)$ 是 H 在 G 中的正规化子.

2. 设 E/F 是有限伽罗瓦扩张, $\mathrm{Gal}(E/F) = A_n$ (交错群), $n \geq 4$. 则不存在 E/F 的中间域 L 使得 $[L : F] = 2$.

3. 设 E/F 是有限伽罗瓦扩张, p 是整除 $[E : F]$ 的素数. 则存在 E/F 的中间域 L 使得 $[E : L] = p$.

4. 设 E/F 是有限伽罗瓦扩张. 如果对任一域 K $(F \subsetneqq K \subseteq E)$, K 对 F 均有相同的扩张次数 $[K : F]$, 则 $[E : F]$ 是素数.

5. 设 E/F 是有限伽罗瓦扩张, F 的特征不为 2, $\mathrm{Gal}(E/F) \cong \mathbb{Z}_2 \oplus \mathbb{Z}_2$. 则 $E = F(\sqrt{a}, \sqrt{b})$, 其中 $a, b \in F$.

6. 设 E/F 是有限伽罗瓦扩张, $\mathrm{Gal}(E/F)$ 是 $2p$ 阶非阿贝尔群, 其中 p 是奇素数, L 是满足 $[E : L] = 2$ 的中间域. 则 L/F 不是有限伽罗瓦扩张.

7. 写出 $E/\mathbb{Q}$ 的伽罗瓦对应, 其中 E 是 $x^3 - 3$ 在 $\mathbb{Q}$ 上的分裂域.

8. 写出 F_{2^8}/F_2 的伽罗瓦对应.

9. 设 $E = \mathbb{C}(t)$ (复数域上有理函数域), $F = \mathbb{C}(t^3 + t^{-3})$. 求 E/F 的全部中间域.

10. 设域 F 的特征为素数 p, $E = F(t)$ (F 上有理函数域), $K = F(t^p - t - 1)$. 求 $\mathrm{Inv}(\mathrm{Gal}(E/K))$.

11. 设 N 和 M 均是有限伽罗瓦扩张 E/F 的中间域, 且 N 是 M 在 F 上的正规闭包 (即 N 是包含 M 的 F 的最小正规扩域). 求证:

$$\mathrm{Gal}(E/N) = \bigcap_{\sigma \in \mathrm{Gal}(E/F)} \sigma \mathrm{Gal}(E/M)\sigma^{-1}.$$

12. 设 L 和 M 均是域 E 的子域且 $L/(L \cap M)$ 为有限伽罗瓦扩张. 求证 LM/M 也为有限伽罗瓦扩张, 并且 $\mathrm{Gal}(LM/M) \cong \mathrm{Gal}(L/(L \cap M))$. (提示: 参阅 [FZ] 4.1.8.)

§3. 伽罗瓦群的计算

抽象怎是浮云
计算而有感觉

在讨论方程的根式可解性之前, 我们需要先对方程的伽罗瓦群作一些具体的认识.

对于追求在最短时间内弄懂下节中伽罗瓦大定理的读者, 以下 3.2、3.3、3.5 和 3.7 小节的内容可以跳过不读.

设 E 是域 F 上多项式 $f(x)$ 在 F 上的分裂域. 将伽罗瓦群 $\mathrm{Gal}(E/F)$ 称为多项式 $f(x)$ 或方程 $f(x) = 0$ 在 F 上的伽罗瓦群, 记为 $\mathrm{Gal}(f(x), F)$, 或简记为 G_f. 具体方程的伽罗瓦群的计算是伽罗瓦理论的重要课题. 本节我们主要讨论无重根多项式的伽罗瓦群, 这里 "无重根" 可保证 E/F 是有限伽罗瓦扩张, 从而 $|G_f| = [E : F]$ (附录 II 推论 10.7, 或定理 1.5 (iii)).

3.1 伽罗瓦的原始思想

对称群 S_n 的子群 G 称为 S_n 的可迁子群, 或称为集合 $\Lambda = \{1, \cdots, n\}$ 上的可迁置换群, 如果对于任意 $i, j \in \Lambda$, 均存在 $\sigma \in G$ 使得 $\sigma(i) = j$. 设 $t \in \Lambda$. 易知 G 是 Λ 上的可迁子群当且仅当对于任意 $j \in \Lambda$, 均存在 $\sigma \in G$ 使得 $\sigma(t) = j$. 例如, $\{(1), (12)(34), (13)(24), (14)(23)\}$ 是 S_4 的可迁子群; 但与它同构的群 $\{(1), (12), (34), (12)(34)\}$ 却不是 S_4 的可迁子群. S_3 也不是 S_4 的可迁子群.

在以下的讨论中, 我们将 S_n 视为 $f(x)$ 的根集 $\{r_1, \cdots, r_n\}$ 上的

对称群. 例如, $(12) \in S_n$ 指的是将根 r_1 变到根 r_2、而将其他根保持不动的置换.

定理 3.1 设 $r_1, \cdots, r_n$ 是域 F 上 n 次无重根多项式 $f(x)$ 的全部根, E 是 $f(x)$ 在 F 上的分裂域. 则

(i) 伽罗瓦群 G_f 是 S_n 的阶为 $[E:F]$ 的子群;

(ii) 设 $\sigma \in S_n$. 则 $\sigma \in G_f$ 当且仅当 σ 保持 $f(x)$ 的根之间的所有代数关系, 即若 $g(r_1, \cdots, r_n) = 0$, 其中 $g(x_1, \cdots, x_n) \in F[x_1, \cdots, x_n]$, 则 $g(\sigma(r_1), \cdots, \sigma(r_n)) = 0$;

(iii) $f(x)$ 在 F 上不可约当且仅当 G_f 是 S_n 的可迁子群.

证明 (i) 设 $\sigma \in G_f$. 由 $0 = f(r_i)$ 知 $0 = \sigma(0) = \sigma(f(r_i)) = f(\sigma(r_i))$, 因而 $\sigma(r_1), \cdots, \sigma(r_n)$ 也是 $f(x)$ 的两两不同的根, 故 $\sigma(r_1), \cdots, \sigma(r_n)$ 是 $r_1, \cdots, r_n$ 的一个置换. 于是

$$\sigma \mapsto \begin{pmatrix} r_1 & r_2 & \cdots & r_n \\ \sigma(r_1) & \sigma(r_2) & \cdots & \sigma(r_n) \end{pmatrix}$$

是 G_f 到 S_n 的群同态. 因为 $E = F(r_1, \cdots, r_n)$, 故 σ 由值 $\sigma(r_1), \cdots, \sigma(r_n)$ 唯一确定, 因此这个群同态是单射, 从而 G_f 可以视为 S_n 的子群. 再由附录 II 推论 10.7 知 $|G_f| = |\mathrm{Gal}(E/F)| = [E:F]$.

(ii) 设 $\sigma \in G_f$. 若 $g(r_1, \cdots, r_n) = 0$, 则

$$0 = \sigma(0) = \sigma(g(r_1, \cdots, r_n)) = g(\sigma(r_1), \cdots, \sigma(r_n)),$$

即 σ 保持 $f(x)$ 的根之间的所有代数关系. 反之, 设 $\sigma \in S_n$ 且由 $g(r_1, \cdots, r_n) = 0$ 可推出 $g(\sigma(r_1), \cdots, \sigma(r_n)) = 0$. 我们定义 E 的一个 F-自同构 $\widetilde{\sigma}$ 如下. 设 $a \in E = F(r_1, \cdots, r_n)$. 则 $a = \psi(r_1, \cdots, r_n)$, 其中 $\psi(x_1, \cdots, x_n) \in F[x_1, \cdots, x_n]$, 定义

$$\widetilde{\sigma}(a) = \psi(\sigma(r_1), \cdots, \sigma(r_n)).$$

特别地, $\widetilde{\sigma}|_F = \mathrm{Id}_F$, $\widetilde{\sigma}(r_i) = \sigma(r_i), 1 \leq i \leq n$. 这个定义是合理的, 即 $\widetilde{\sigma}(a)$ 与 a 的表法无关: 事实上, 若 a 另有表法 $a = \phi(r_1, \cdots, r_n)$, 其中 $\phi(x_1, \cdots, x_n) \in F[x_1, \cdots, x_n]$, 则 $\psi(r_1, \cdots, r_n) - \phi(r_1, \cdots, r_n) = 0$, 从而由假设知 $\psi(\sigma(r_1), \cdots, \sigma(r_n)) - \phi(\sigma(r_1), \cdots, \sigma(r_n)) = 0$, 即 $\psi(\sigma(r_1), \cdots, \sigma(r_n)) = \phi(\sigma(r_1), \cdots, \sigma(r_n))$. 于是上述定义的 $\widetilde{\sigma}$ 的确是 E 到自身的映射, 并且容易看出 $\widetilde{\sigma}$ 保持 E 的加法和乘法. 因为 $E = F(r_1, \cdots, r_n) = F(\widetilde{\sigma}(r_1), \cdots, \widetilde{\sigma}(r_n))$, 故 $\widetilde{\sigma}$ 是 E 的满自同态. 又因为 E 是域, 故 $\widetilde{\sigma}$ 的核只能是零理想, 即 $\widetilde{\sigma}$ 也是单射. 从而 $\widetilde{\sigma} \in \mathrm{Gal}(E/F) = G_f$. 因为 $\widetilde{\sigma}(r_i) = \sigma(r_i), 1 \leq i \leq n$, $\widetilde{\sigma}$ 作为 S_n 中的元就是 σ.

(iii) 设 $f(x)$ 在 $F[x]$ 中不可约. 对于 $f(x)$ 的任意根 r_j, 因为 r_1 和 r_j 在 F 上的极小多项式均是 $f(x)$, 因此存在 F-同构 $\sigma : F(r_1) \rightarrow F(r_j)$ 使得 $\sigma(r_1) = r_j$. 由同构延拓定理知 σ 可以延拓成域同构 $\tau : E \rightarrow E$, 从而 $\tau \in G_f$ 且 $\tau(r_1) = r_j$, 即 G_f 是 S_n 的可迁子群, 反之, 设 G_f 是 S_n 的可迁子群. 则对于 $f(x)$ 的任意根 r_j, 存在 $\sigma \in G_f$ 使得 $\sigma(r_1) = r_j$. 令 $f_1(x)$ 是 r_1 在 F 上的极小多项式. 将 σ 作用在等式 $0 = f_1(r_1)$ 上我们得到

$$0 = \sigma(0) = \sigma(f_1(r_1)) = f_1(\sigma(r_1)) = f_1(r_j),$$

即 $f(x)$ 的任意根 r_j 均是 $f_1(x)$ 的根, 于是 $f(x) = f_1(x)$, 从而 $f(x)$ 在 F 上不可约. ∎

注记 3.2 伽罗瓦本人就是将 G_f 定义为保持 $f(x)$ 的根 $r_1, \cdots, r_n$ 之间全部代数关系的、根集 $\{r_1, \cdots, r_n\}$ 上的所有置换构成的群. 于是 G_f 反映了 $f(x)$ 的根之间的对称, 即 G_f 的元恰是保持 $f(x)$ 的根之间的所有代数关系的 S_n 中的元. 这也解释了为什么 G_f 一般不是 S_n 本身, 而只是 S_n 的某个子群.

今天常采用的方程的伽罗瓦群的定义, 即将 G_f 定义为 $\mathrm{Gal}(E/F)$, 是戴德金的贡献: 这不仅使得伽罗瓦理论取得了现代的形式, 而且也使得伽罗瓦群的计算更具可操作性: 因为从计算的角度看, 要确定 "$f(x)$

的根之间的全部代数关系" 是困难的. 当然, 将伽罗瓦的原始思想理解清楚了也就恰好是我们今天使用的戴德金的定义.

3.2 判别式*

设 $r_1, \cdots, r_n$ 是无重根多项式 $f(x) \in F[x]$ 的全部根, $E = F(r_1, \cdots, r_n)$ 是 $f(x)$ 在 F 上的分裂域. 视伽罗瓦群 G_f 为对称群 S_n 的子群. 记 A_n 为 n 次交错群.

一个自然的问题是: 在 E/F 的伽罗瓦对应下, 子群 $G_f \cap A_n$ 对应的中间域是什么? 这个问题不难回答.

令 $\Delta = \Delta(f) = \prod_{1 \leq i < j \leq n}(r_i - r_j) \in E$. 对每个 $\sigma \in G_f$, 有

$$\sigma(\Delta^2) = (\sigma(\Delta))^2 = (\pm\Delta)^2 = \Delta^2,$$

因此 $\Delta^2 \in \mathrm{Inv}(G_f) = F$. 称 $d(f) = \Delta^2 \in F$ 为 $f(x)$ 在 F 上的判别式. 对任意多项式 $f(x)$ (未必无重根), 其判别式 $d(f)$ 亦同样定义. 则 $f(x)$ 无重根当且仅当 $d(f) \neq 0$. 令 $F^2 = \{a^2 \mid a \in F\}$. 显然 $\Delta \in F$ 当且仅当 $d(f) \in F^2$. 若 F 的特征 $\mathrm{Char}F \neq 2$, 一个置换 $\sigma \in S_n$ 是偶置换当且仅当 $\sigma(\Delta) = \Delta$. 于是 $\mathrm{Gal}(E/F(\Delta)) = G_f \cap A_n$, 从而由伽罗瓦理论基本定理知 $G_f \cap A_n$ 对应的中间域就是 $F(\Delta)$. 这就证明了下述引理中的 (i).

引理 3.3 设 $\mathrm{Char}F \neq 2$, E 是 n 次无重根多项式 $f(x) \in F[x]$ 在 F 上的分裂域. 则

(i) $\mathrm{Gal}(E/F(\Delta)) = G_f \cap A_n$, $\mathrm{Inv}(G_f \cap A_n) = F(\Delta)$;

(ii) $G_f \subseteq A_n$ 当且仅当 $\Delta \in F$, 当且仅当 $d(f) \in F^2$;

(iii) 若 $f(x)$ 是 F 上的 3 次不可约多项式, 则

$$G_f = \begin{cases} A_3, & \text{若 } d(f) \in F^2, \\ S_3, & \text{若 } d(f) \notin F^2. \end{cases}$$

证明 (ii) 由 (i) 知 $G_f \subseteq A_n$ 当且仅当 $\mathrm{Gal}(E/F(\Delta)) = G_f = \mathrm{Gal}(E/F)$; 由伽罗瓦理论基本定理知, 这当且仅当 $F = F(\Delta)$; 这当且仅当 $\Delta \in F$.

(iii) 由定理 3.1 (iii) 知 G_f 是 S_3 的可迁子群, 故为 A_3 或 S_3. 再由 (ii) 即得. ∎

我们来计算首一多项式

$$f(x) = x^n - a_1 x^{n-1} + \cdots + (-1)^n a_n$$

$$= \prod_{1 \le i \le n} (x - r_i) = x^n - p_1 x^{n-1} + \cdots + (-1)^n p_n$$

的判别式, 这里 $p_1, \cdots, p_n$ 是 $r_1, \cdots, r_n$ 的初等对称多项式 (参见附录 I 9.4). 因为 Δ 是 $r_1, \cdots, r_n$ 的范德蒙德行列式, 故

$$d(f) = \Delta^2 = \begin{vmatrix} 1 & 1 & \cdots & 1 \\ r_1 & r_2 & \cdots & r_n \\ \vdots & \vdots & & \vdots \\ r_1^{n-1} & r_2^{n-1} & \cdots & r_n^{n-1} \end{vmatrix} \cdot \begin{vmatrix} 1 & r_1 & \cdots & r_1^{n-1} \\ 1 & r_2 & \cdots & r_2^{n-1} \\ \vdots & \vdots & & \vdots \\ 1 & r_n & \cdots & r_n^{n-1} \end{vmatrix}$$

$$= \begin{vmatrix} n & s_1 & \cdots & s_{n-1} \\ s_1 & s_2 & \cdots & s_n \\ \vdots & \vdots & & \vdots \\ s_{n-1} & s_n & \cdots & s_{2n-2} \end{vmatrix},$$

其中 $s_i = r_1^i + r_2^i + \cdots + r_n^i$, $i \ge 1$. 每个 s_i 均是 $r_1, \cdots, r_n$ 的对称多项式, 从而可以表示成 $r_1, \cdots, r_n$ 的初等对称多项式 $p_1, \cdots, p_n$ 的多项式 (参见附录 I 定理 9.8). 例如

$$s_1 = p_1; \ s_2 = p_1^2 - 2p_2; \ s_3 = p_1^3 - 3p_1 p_2 + 3p_3;$$
$$s_4 = p_1^4 - 4p_1^2 p_2 + 4p_1 p_3 + 2p_2^2 - 4p_4.$$

于是 2 次多项式 $f(x) = x^2 - a_1 x + a_2$ 的判别式为

$$d(f) = a_1^2 - 4a_2;$$

3 次多项式 $f(x) = x^3 - a_1 x^2 + a_2 x - a_3$ 的判别式为

$$d(f) = -4a_1^3 a_3 + a_1^2 a_2^2 + 18 a_1 a_2 a_3 - 4a_2^3 - 27 a_3^2.$$

3.3 4 次方程*

首先注意到对称群 S_4 共有 5 种互不同构的可迁子群, 共有 9 个. 参见本节习题 1.

设 $f(x) = x^4 - p_1x^3 + p_2x^2 - p_3x + p_4 \in F[x]$ 是无重根的不可约多项式, E 是 $f(x)$ 在 F 上的分裂域, r_1, r_2, r_3, r_4 是 $f(x)$ 的根. 令

$$\alpha = r_1r_2 + r_3r_4, \quad \beta = r_1r_3 + r_2r_4, \quad \gamma = r_1r_4 + r_2r_3.$$

令 V 为 S_4 的子群 $\{(1), (12)(34), (13)(24), (14)(23)\}$. 显然 $\mathrm{Inv}(G_f \cap V) \supseteq F(\alpha, \beta, \gamma)$, 从而 $G_f \cap V \subseteq \mathrm{Gal}(E/F(\alpha, \beta, \gamma))$; 另一方面, 对于 $\sigma \in S_4 \backslash V$, σ 都会将 α, β, γ 中之一变动, 因此由 $\sigma \notin G_f \cap V$ 可推出 $\sigma \notin \mathrm{Gal}(E/F(\alpha, \beta, \gamma))$. 这就证明了

$$G_f \cap V = \mathrm{Gal}(E/F(\alpha, \beta, \gamma)); \quad \mathrm{Inv}(G_f \cap V) = F(\alpha, \beta, \gamma). \quad (*)$$

考虑如下多项式 $r(x)$, 通常称为 $f(x)$ 的预解式

$$r(x) = (x - \alpha)(x - \beta)(x - \gamma)$$

$$= x^3 - p_2x^2 + (p_1p_3 - 4p_4)x + 4p_2p_4 - p_1^2p_4 - p_3^2 \in F[x],$$

则 $F(\alpha, \beta, \gamma)$ 恰是 $r(x)$ 在 F 上的分裂域. 因为 r_1, r_2, r_3, r_4 两两不同, 容易验证 α, β, γ 两两不同, 从而 $F(\alpha, \beta, \gamma)/F$ 是有限伽罗瓦扩张. 令 $m = [F(\alpha, \beta, \gamma) : F]$. 因为 $\mathrm{Gal}(F(\alpha, \beta, \gamma)/F)$ 是 S_3 的子群, 故 $m \mid 6$.

定理 3.4 设 $\mathrm{Char}F \neq 2$, $f(x) \in F[x]$ 是 4 次不可约多项式, α, β, γ 定义同上. 记 $L = F(\alpha, \beta, \gamma)$, $m = [L : F]$, 则

(i) $G_f = S_4$ 当且仅当 $r(x)$ 在 F 上不可约且 $d(f) \notin F^2$; 当且仅当 $m = 6$;

(ii) $G_f = A_4$ 当且仅当 $r(x)$ 在 F 上不可约且 $d(f) \in F^2$; 当且仅当 $m = 3$;

(iii) $G_f = V$ 当且仅当 $m = 1$;

(iv) $G_f \cong C_4 = \langle (1234) \rangle$ 当且仅当 $m = 2$ 且 $f(x)$ 在 $F(\alpha, \beta, \gamma)$ 上可约;

(v) $G_f \cong D_4$ 当且仅当 $m = 2$ 且 $f(x)$ 在 $F(\alpha, \beta, \gamma)$ 上不可约.

证明 首先, 注意到 $f(x)$ 无重根. 事实上, 若 $\mathrm{Char}F = 0$ 这当然是对的. 若 $\mathrm{Char}F = p$ 且 $f(x)$ 有重根, 则 $f(x)$ 形如 $f(x) = g(x^p)$ (参见附录 II, 10.4 小节); 因 $f(x)$ 是 4 次的且 $p \neq 2$, 这是不可能的.

其次, 我们说明 $E = L(r_1)$, 从而 $[E : L] \leq 4$. 事实上, 容易验证 S_4 中只有恒等才能使 $L(r_1)$ 中每个元都不动, 故 $\mathrm{Gal}(E/L(r_1)) = \{(1)\}$, 从而由伽罗瓦理论基本定理知 $E = L(r_1)$.

(i) 和 (ii) 由定理 3.1 (iii) 知 $r(x)$ 在 F 上不可约当且仅当 $\mathrm{Gal}(L/F)$ 是 S_3 的可迁子群, 当且仅当 $m = 6$ 或 $m = 3$.

如果 $G_f = S_4$, 则由 $(*)$ 知 $m = [L : F] = [S_4 : V] = 6$; 此时由引理 3.3 (ii) 知 $d(f) \notin F^2$. 如果 $G_f = A_4$, 则由 $(*)$ 知 $m = [L : F] = [A_4 : V] = 3$; 此时由引理 3.3 (ii) 知 $d(f) \in F^2$. 无论哪种情况, 由上所述均有 $r(x)$ 在 F 上不可约.

设 $r(x)$ 在 F 上不可约. 则 3 整除 $|G_f| = [E : F] = m[E : L]$. 此时 $[E : L] > 1$ (否则 $|G_f| = m$. 但 G_f 是 S_4 的可迁子群, $|G_f|$ 不可能是 6 或 3. 参见本节习题 1). 再由 $|G_f| \mid 24$ 推出 $G_f = S_4$ 或 $G_f = A_4$. 无论哪种情况均有 $V \leq G_f$, 从而由 $(*)$ 知 $\mathrm{Inv}(V) = L$, $[E : L] = [L(r_1) : L] = 4$. 所以

$$G_f = \begin{cases} S_4, & \text{若 } m = 6, \\ A_4, & \text{若 } m = 3, \end{cases}$$

再由引理 3.3 (ii) 知

$$G_f = \begin{cases} S_4, & \text{若 } d(f) \notin F^2, \\ A_4, & \text{若 } d(f) \in F^2. \end{cases}$$

(iii) 如果 $G_f = V$, 则由 $(*)$ 知在伽罗瓦对应下 L 与 G_f 相对应, 从而 $L = F$, 即 $m = 1$. 反之, 如果 $m = 1$, 即 $L = F$, 由伽罗瓦对应知 $G_f \cap V = G_f$, 从而 $G_f \leq V$. 但 $|G_f| = [E : F]$ 是 $[F(r_1) : F] = 4$ 的倍数, 故 $G_f = V$.

(iv) 和 (v) 设 $m = 2$. 则由伽罗瓦理论基本定理和 $(*)$ 知 $[G_f : G_f \cap V] = [L : F] = m = 2$. 因 G_f 是 S_4 的可迁子群, 故 $G_f \cong C_4$

或 $G_f \cong D_4$ (参见本节习题 1). 反之, 若 $G_f \cong C_4$ 或 $G_f \cong D_4$, 则 $m = [L : F] = [G_f : G_f \cap V] = 2$.

下设 $m = 2$. 因为 $E = L(r_1)$, 故 $f(x)$ 在 L 上不可约当且仅当 $[E : L] = 4$, 当且仅当 $[E : F] = 8$, 当且仅当 $G_f \cong D_4$. 至此定理全部证完. ∎

注记 3.5 定理 3.4 中 $f(x)$ 在 F 上不可约的要求是不可少的. 参见本节习题 2. 我们将任意特征的域上的任意 4 次多项式的伽罗瓦群的讨论留给读者 (本节习题 12).

无限域上可约多项式的伽罗瓦群与其因子的伽罗瓦群之间的关系较复杂, 参见以下引理 3.8. 有限域上这个问题的解答参见 §6 习题 5.

3.4 纯粹方程

设 F 是域. 将方程 $g(x) = x^n - a = 0$ $(0 \neq a \in F, n \geq 2)$ 称为纯粹方程. 这类方程的伽罗瓦群是下节中研究任意方程的根式可解性的重要一步. 我们总假设域 F 的特征为零, 或者为素数 p 且 p 不整除 n, 这是 $g(x)$ 无重根的充要条件. 我们来计算伽罗瓦群 $G_g = \mathrm{Gal}(E/F)$, 其中 E 是 $g(x) = x^n - a \in F[x]$ 在 F 上的分裂域.

下述事实中前两条下节要用到. 关于多项式 $\Phi_n(x)$ 的定义参见附录 II, 10.5 小节.

引理 3.6 设 $n \geq 2$ 是整数, 域 F 的特征为零或与 n 互素, ω 是一个 n 次本原单位根.

(i) 设 $f(x) = x^n - 1 \in F[x]$. 则 G_f 是 $\mathbb{Z}_n^*$ 的子群, 从而是阿贝尔群, 这里 $\mathbb{Z}_n^*$ 表示剩余类环 $\mathbb{Z}_n$ 的单位群. 进一步, $G_f = \mathbb{Z}_n^*$ 当且仅当多项式 $\Phi_n(x)$ 是 F 上的不可约多项式.

特别地, 分圆多项式 $\Phi_n(x)$ 在 $\mathbb{Q}$ 上的伽罗瓦群同构于 $\mathbb{Z}_n^*$.

(ii) 设 $\omega \in F$, $g(x) = x^n - a$, $0 \neq a \in F$. 则 G_g 是 m 阶循环群, 其中 $m \mid n$; 且 G_g 是 n 阶循环群当且仅当 $g(x)$ 在 F 上不可约.

(iii) 设 $\omega \notin F$. 用 $\mathrm{GL}_2(\mathbb{Z}_n)$ 表示剩余类环 $\mathbb{Z}_n$ 上的所有 2 阶可

逆矩阵的集合对于矩阵的乘法作成的群. 则 G_g 是 H 的子群, 其中 $H = \{ \left(\begin{smallmatrix} k & l \\ 0 & 1 \end{smallmatrix} \right) \mid k \in \mathbb{Z}_n^*, l \in \mathbb{Z}_n \}$ 是 $\mathrm{GL}_2(\mathbb{Z}_n)$ 的子群.

(iv) 设 p 为素数, $g(x) = x^p - a$ 为有理数域 $\mathbb{Q}$ 上的不可约多项式. 则 G_g 同构于群 $H = \{ \left(\begin{smallmatrix} k & l \\ 0 & 1 \end{smallmatrix} \right) \mid k \in \mathbb{Z}_p^*, l \in \mathbb{Z}_p \}$.

证明 注意 F 的特征为零或与 n 互素, 故 n 次本原单位根是存在的.

(i) 设 E 是 $f(x) = x^n - 1$ 在 F 上的分裂域. 则 $E = F(\omega)$. 对任意 $\sigma \in \mathrm{Gal}(E/F)$, $\sigma(\omega) = \omega^k$ $(1 \le k \le n-1)$ 也是 n 次本原单位根, 故 $(k, n) = 1$. 因 σ 由 k 唯一确定, 故记 $\sigma = \sigma_k$. 则 $\sigma_k \mapsto \overline{k}$ 就给出了群的单同态 $G_f \hookrightarrow \mathbb{Z}_n^*$.

这个单同态是满射当且仅当对于任意满足 $(k, n) = 1$ $(1 \le k \le n-1)$ 的整数 k, 存在 F-同构 $\sigma_k : F(\omega) \to F(\omega^k) = F(\omega)$ 使得 $\sigma_k(\omega) = \omega^k$; 当且仅当对于任意满足 $(k, n) = 1$ $(1 \le k \le n-1)$ 的整数 k, ω 和 ω^k 在 F 上的极小多项式相同; 这当且仅当多项式 $\Phi_n(x) = \prod_{1 \le k \le n, (k,n)=1} (x - \omega^k)$ 是 F 上的不可约多项式 (这里需用到 $\Phi_n(x) \in F[x]$).

因为分圆多项式 $\Phi_n(x)$ 是 $\mathbb{Q}$ 上的不可约多项式 (参见附录 II 定理 10.15 (iii)), 因此它在 $\mathbb{Q}$ 上的伽罗瓦群同构于 $\mathbb{Z}_n^*$.

(ii) 设 E 是 $g(x) = x^n - a$ 在 F 上的分裂域, b 是 $g(x)$ 的一个根. 则 $b, b\omega, \cdots, b\omega^{n-1}$ 是 $g(x)$ 的全部根, $E = F(b, \omega) = F(b)$. 对于任意 $\sigma \in \mathrm{Gal}(E/F)$, 存在 i $(0 \le i \le n-1)$ 使得 $\sigma(b) = b\omega^i$. 因 σ 由 i 唯一确定, 记 $\sigma = \sigma_i$. 容易验证 $\sigma_i \mapsto \overline{i}$ 给出了群的单同态 $G_g \hookrightarrow \mathbb{Z}_n$. 从而 G_g 是循环群 $\mathbb{Z}_n$ 的子群, 故为 m 阶循环群, 其中 $m \mid n$.

因 $g(x)$ 无重根, 故 E/F 是有限伽罗瓦扩张且 $|G_g| = [E : F]$, 从而 $|G_g| = n$ 当且仅当 $g(x)$ 在 F 上不可约.

(iii) 任取 $\sigma \in \mathrm{Gal}(E/F)$, 则 $\sigma(b) = b\omega^l$, 其中 $0 \le l \le n-1$; 而 $\sigma(\omega) = \omega^k$ 也是 n 次本原单位根, 故 $(k, n) = 1$, $1 \le k \le n-1$. 由于 σ 由它在 b 和 ω 上的取值唯一确定, 因此 σ 由 k 和 l 唯一确定. 记 $\sigma = \sigma_{k,l}$. 设 $\sigma_{k,l}, \sigma_{k',l'} \in \mathrm{Gal}(E/F)$, 其中 $(k, n) = 1 = (k', n)$, $1 \le k \le$

$n-1$, $1 \le k' \le n-1$, $0 \le l \le n-1$, $0 \le l' \le n-1$. 容易验证

$$\sigma_{k,l}\sigma_{k',l'} = \sigma_{kk',kl'+l},$$

其中下标模 n. 于是

$$\psi : \mathrm{Gal}(E/F) \to H, \quad \sigma_{k,l} \mapsto \begin{pmatrix} k & l \\ 0 & 1 \end{pmatrix}$$

是群的单同态. 因此, $\mathrm{Gal}(E/F)$ 是 H 的一个子群.

(iv) 设 b 是 $g(x)$ 的一个根. 则 b 在 $\mathbb{Q}$ 上的极小多项式为 $x^p - a$, 故 $[\mathbb{Q}(b) : \mathbb{Q}] = p$. 而 p 次本原单位根 ω 在 $\mathbb{Q}$ 上的极小多项式为 $x^{p-1} + x^{p-2} + \cdots + x + 1$, 故 $[\mathbb{Q}(\omega) : \mathbb{Q}] = p-1$. 由于 $b \notin \mathbb{Q}(\omega)$ (否则推出矛盾: $p = [\mathbb{Q}(b) : \mathbb{Q}] \le [\mathbb{Q}(\omega) : \mathbb{Q}] = p-1$), 故 b 在 $\mathbb{Q}(\omega)$ 上的极小多项式也是 $x^p - a$ (否则容易推出 $b \in \mathbb{Q}(\omega)$), 从而 $[\mathbb{Q}(\omega)(b) : \mathbb{Q}(\omega)] = p$. 于是

$$|G_g| = [\mathbb{Q}(b, \omega) : \mathbb{Q}] = [\mathbb{Q}(\omega)(b) : \mathbb{Q}(\omega)][\mathbb{Q}(\omega) : \mathbb{Q}] = p(p-1) = |H|.$$

由 (iii) 即知 G_g 就同构于 $H = \{(\begin{smallmatrix} k & l \\ 0 & 1 \end{smallmatrix}) \mid k \in \mathbb{Z}_p^*, l \in \mathbb{Z}_p\}$. ∎

注记 3.7 在引理 3.6 (i) 中, G_f 可以是 $\mathbb{Z}_n^*$ 的真子群, 也就是说 $\Phi_n(x)$ 可能是可约的. 例如, 取 $F = \mathbb{Z}_{11}$, $n = 12$, 则 $\Phi_{12}(x) = x^4 - x^2 + 1$ 在 $\mathbb{Z}_{11}[x]$ 中有不可约分解 $(x^2+6x+1)(x^2-6x+1)$. 从而 $[\mathbb{Z}_{11}(\omega) : \mathbb{Z}_{11}] = 2$, $\mathrm{Gal}(f(x), \mathbb{Z}_{11}) \cong \mathbb{Z}_2$, 而 $\mathbb{Z}_{12}^* \cong \mathbb{Z}_2 \oplus \mathbb{Z}_2$.

3.5 分圆域*

由引理 3.6 (i) 和附录 I 推论 9.14 (ii) 即知分圆扩张 $\mathbb{Q}(\omega_n)/\mathbb{Q}$ 的伽罗瓦群 $\mathbb{Z}_n^*$ 的结构, 其中 ω_n 是一个 n $(n \ge 2)$ 次本原单位根. 利用下述引理我们重新推出这一结构. 这一引理有独立的兴趣.

引理 3.8 设 L_i $(i = 1, \cdots, s)$ 是域扩张 E/F 的中间域且 L_i/F 均为有限伽罗瓦扩张. 则 $L_1 \cdots L_s/F$ 也是有限伽罗瓦扩张, 映射

$$\mathrm{Gal}(L_1 \cdots L_s/F) \to \mathrm{Gal}(L_1/F) \times \cdots \times \mathrm{Gal}(L_s/F), \quad \sigma \mapsto (\sigma|_{L_1}, \cdots, \sigma|_{L_s})$$

是群的单同态; 且这一同态是同构当且仅当 $[L_1 \cdots L_s : F] = [L_1 : F] \cdots [L_s : F]$.

证明 设 L_i 是 $f_i(x) \in F[x]$ 在 F 上的分裂域. 则 $L_1 \cdots L_s$ 是 $f_1(x) \cdots f_s(x)$ 在 F 上的分裂域, 因而 $L_1 \cdots L_s / F$ 是有限伽罗瓦扩张. 以下直接验证即可. ∎

设 $n = n_1 \cdots n_s$, 其中 $n_1, \cdots, n_s$ 是两两互素的正整数 $(n_i \geq 2, \forall i)$. 注意 $\omega_{n_1} \cdots \omega_{n_s}$ 是一个 n 次本原单位根. 从而 $\mathbb{Q}(\omega_n) = \mathbb{Q}(\omega_{n_1} \cdots \omega_{n_s}) = \mathbb{Q}(\omega_{n_1}) \cdots \mathbb{Q}(\omega_{n_s})$, 并且

$$[\mathbb{Q}(\omega_n) : \mathbb{Q}] = \varphi(n) = \varphi(n_1) \cdots \varphi(n_s) = [\mathbb{Q}(\omega_{n_1}) : \mathbb{Q}] \cdots [\mathbb{Q}(\omega_{n_s}) : \mathbb{Q}],$$

因而得到

推论 3.9 设 $n = n_1 \cdots n_s$, 其中 $n_1, \cdots, n_s$ 是两两互素的不小于 2 的整数. 则有群同构

$$\mathrm{Gal}(\mathbb{Q}(\omega_n)/\mathbb{Q}) \cong \mathrm{Gal}(\mathbb{Q}(\omega_{n_1})/\mathbb{Q}) \times \cdots \times \mathrm{Gal}(\mathbb{Q}(\omega_{n_s})/\mathbb{Q}),$$

即 $\mathbb{Z}_n^* \cong \mathbb{Z}_{n_1}^* \oplus \cdots \oplus \mathbb{Z}_{n_s}^*$.

因为 $\mathbb{Z}_{p^l}^*$ 的结构已知 (附录 I 注记 9.15), 分圆域在 $\mathbb{Q}$ 上的伽罗瓦群的结构就清楚了.

3.6 素数次对称群

关于高次不可约多项式的伽罗瓦群的一般性结果不多. 下面的结果很有用, 证明也很有趣.

定理 3.10 设 $f(x) \in \mathbb{Q}[x]$ 是有理数域 $\mathbb{Q}$ 上的 p 次不可约多项式, p 为素数. 若 $f(x)$ 恰好有两个非实的复根 (其余的根均为实数), 则 $f(x)$ 的伽罗瓦群 G_f 同构于对称群 S_p.

证明 设 E 是 $f(x)$ 在 $\mathbb{Q}$ 上的分裂域, $r_1, \cdots, r_p$ 是 $f(x)$ 的 p 个两两不同的根. 则 $E = \mathbb{Q}(r_1, \cdots, r_p)$, $|\mathrm{Gal}(E/\mathbb{Q})| = [E : \mathbb{Q}]$. 因为 $[\mathbb{Q}(r_1) :$

$\mathbb{Q}] = p$, 故 $p \mid |\mathrm{Gal}(E/\mathbb{Q})|$, 从而由西罗定理知 $\mathrm{Gal}(E/\mathbb{Q})$ 有 p 阶元 σ. 因为 $\mathrm{Gal}(E/\mathbb{Q})$ 是 S_p 的子群, 而 S_p 中任一置换是互不相交的轮换的乘积, 且这一置换的阶是所有轮换因子长的最小公倍数, 故 σ 必是 S_p 中的 p-轮换, 即 $\sigma = (1\ j_2\ \cdots\ j_p)$. 另一方面, 由题设 $r_1, \cdots, r_p$ 中恰好有 2 个共轭的非实的复根, 不妨设为 r_1 和 r_2. 令 τ 是复数域的复共轭自同构在 E 上的限制. 则 $\tau = (1\ 2) \in \mathrm{Gal}(E/\mathbb{Q}) = G_f$.

我们断言: S_p 能够被任意一个 p-轮换 α 和任意一个对换 β 生成. 从而 $G_f = S_p$. 事实上, 令 H 是 S_p 的由 α 和 β 生成的子群. 不妨设 $p \geq 3$. 适当重新排序可设 $\beta = (1\ 2)$. 因为 p 是素数, 存在整数 k 使得 $\alpha^k = (1\ 2\ i_3\ \cdots\ i_p)$. 适当重新排序可设 $\alpha^k = (1\ 2\ 3\ \cdots\ p)$, 即有 $\gamma = (1\ 2\ 3\ \cdots\ p) \in H$. 因为

$$\gamma(1\ 2)\gamma^{-1} = (2\ 3),\ \gamma(2\ 3)\gamma^{-1} = (3\ 4),\ \cdots,\ \gamma(p-2\ p-1)\gamma^{-1} = (p-1\ p).$$

而 $(p-1)$ 个对换 $(1\ 2),\ (2\ 3), \cdots, (p-1\ p)$ 生成 S_p. ∎

例 3.11 我们来计算 $f(x) = x^5 - 15x^2 + 9$ 在 $\mathbb{Q}$ 上的伽罗瓦群. 首先, 在 $\mathbb{Z}_2[x]$ 中 $f(x) = x^5 - 15x^2 + 9 = x^5 + x^2 + 1$ 无一次因子; $\mathbb{Z}_2[x]$ 中唯一的 2 次不可约多项式也不是 $x^5 + x^2 + 1$ 的因子. 因此 $f(x)$ 在 $\mathbb{Z}_2[x]$ 中不可约 (否则, $f(x)$ 的首项系数是偶数), 从而它也在 $\mathbb{Q}$ 上不可约. 再由初等微积分易知 $f(x)$ 恰有 3 个实根 (细节留给读者), 从而恰有 2 个非实的复根. 因此由定理 3.10 知 $G_f = S_5$. ∎

3.7 布饶尔的构造*

对于任意素数 p, 布饶尔 (Richard Dagobert Brauer, 1901—1977) 巧妙地构造出了满足定理 3.10 中条件的无穷多个 $\mathbb{Q}$ 上的 p 次不可约多项式. 他的方法如下.

设 m 是正偶数, $k \geq 5$ 是奇数, $n_1 < n_2 < \cdots < n_{k-2}$ 均是偶数. 令

$$g(x) = (x^2 + m)(x - n_1)(x - n_2)\cdots(x - n_{k-2}) \in \mathbb{Z}[x].$$

则 $g(x)$ 的全部实根为 $n_1, n_2, \cdots, n_{k-2}$. 通过分析 $g(x)$ 在开区间 (n_i, n_{i+1}), $1 \le i \le k-3$, 取值的正负性, 我们知道函数 $y = g(x)$ 至少有 $\frac{k-3}{2}$ 个 (相对) 极大值, 均位于开区间 $x \in (n_1, n_{k-2})$. 对于任意的奇数 h, 由 $g(x)$ 的构造知有 $|g(h)| > 2$, 因而上述那些极大值均大于 2. 如下图所示.

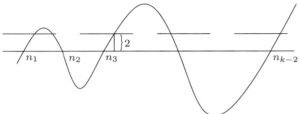

于是 $f(x) = g(x) - 2$ 至少有 $\frac{k-3}{2}$ 个正的极大值, 均位于开区间 $x \in (n_1, n_{k-2})$. 因而 $f(x)$ 在开区间 (n_1, n_{k-2}) 至少有 $k-3$ 个实根. 而 $f(n_{k-2}) = -2$, $f(\infty) = \infty$, 因此 $f(x)$ 也必有实根大于 n_{k-2}. 由此我们得到 $f(x)$ 至少有 $k-2$ 个 (两两不同的) 实根. 下面要说明: 如果 m 足够大, 则 $f(x)$ 仅有 $k-2$ 个实根, 即 $f(x)$ 恰好有两个非实的复根 (从而定理 3.10 中条件得到部分满足). 设 $r_1, \cdots, r_k$ 是 $f(x)$ 的全部复根. 比较等式

$$\prod_{1 \le i \le k} (x - r_i) = (x^2 + m)(x - n_1)(x - n_2) \cdots (x - n_{k-2}) - 2$$

两边 x^{k-1} 和 x^{k-2} 的系数, 我们得到

$$\sum_{1 \le i \le k} r_i = \sum_{1 \le i \le k-2} n_i, \qquad \sum_{i<j} r_i r_j = m + \sum_{i<j} n_i n_j.$$

故有

$$\sum_{1 \le i \le k} r_i^2 = \left(\sum_{1 \le i \le k} r_i \right)^2 - 2 \sum_{i<j} r_i r_j = \sum_{1 \le i \le k-2} n_i^2 - 2m.$$

取 $m > \frac{1}{2} \sum_{1 \le i \le k-2} n_i^2$, 则 $\sum_{1 \le i \le k} r_i^2 < 0$. 这意味着至少有一个 r_i 不是实数, 从而 $f(x)$ 恰好有两个非实的复根 r_i 和 $\bar{r}_i$ $(\bar{r}_i \ne r_i)$.

将 $f(x)$ 写成

$$f(x) = x^k + a_1 x^{k-1} + \cdots + a_k,$$

则 a_i 均是偶数. 因为 $g(x)$ 的常数项能被 4 整除, 故 a_k 能被 2 整除但不能被 4 整除. 由艾森斯坦 (Ferdinand Gotthold Max Eisenstein, 1823—1852) 判别法 (附录 I 定理 9.12) 知 $f(x)$ 是 $\mathbb{Q}$ 上的不可约多项式. 综上所述, 当取 $k = p \geq 5$ 为素数时, $f(x)$ 满足定理 3.10 中条件, 从而 $G_f = S_p$. 当 $p = 2, 3$ 时, 结论显然也是成立的. 这就证明了下述定理

定理 3.12 (布饶尔)   设 p 是奇素数, $n_1 < \cdots < n_{p-2}$ 均是偶数, m 是满足 $2m > \sum_{1 \leq i \leq p-2} n_i^2$ 的正偶数. 则 $f(x) = (x^2 + m)(x - n_1) \cdots (x - n_{p-2}) - 2$ 在 $\mathbb{Q}$ 上的伽罗瓦群 G_f 同构于对称群 S_p.

习　题

1. 证明对称群 S_4 的全部可迁子群是

    (i)　S_4,

    (ii)　A_4,

    (iii)　$V = \{(1), (12)(34), (13)(24), (14)(23)\}$,

    (iv)　$C_4 = \langle (1234) \rangle$ 及其共轭子群 $\langle (1243) \rangle$ 和 $\langle (1324) \rangle$,

    (v)　3 个西罗 2-子群: $D_4 = V \cup \{(1234), (1432), (24), (13)\}$ 及其共轭子群 $V \cup \{(1423), (1324), (12), (34)\}$ 和 $V \cup \{(1243), (1342), (14), (23)\}$.

2. 求有理数域 $\mathbb{Q}$ 上可约多项式 $x^4 + 4$ 的伽罗瓦群.

3. 设 F 是特征为 2 的域. 求 $f(x)$ 在 F 上的伽罗瓦群, 其中

    (i)　$f(x) = x^3 + x + 1$;

    (ii)　$f(x) = x^3 + x^2 + 1$.

4. 求 $f(x)$ 在域 F 上的伽罗瓦群, 其中

    (i)　$f(x) = x^3 - x - 1$,　$F = \mathbb{Q}$;

    (ii)　$f(x) = x^3 - 3x + 1$,　$F = \mathbb{Q}$;

(iii) $f(x) = x^4 - 5$, $F = \mathbb{Q}(\sqrt{5})$;

(iv) $f(x) = x^4 - 5$, $F = \mathbb{Q}(\sqrt{5}\, i)$;

(v) $f(x) = x^4 + 2x + 2$, $F = \mathbb{Q}$;

(vi) $f(x) = x^4 + 8x + 12$, $F = \mathbb{Q}$;

(vii) $f(x) = x^4 - 10x^2 + 4$, $F = \mathbb{Q}$;

(viii) $f(x) = x^4 + 4x^2 + 2$, $F = \mathbb{Q}$;

(ix) $f(x) = x^4 - 4x^3 + 4x^2 + 6$, $F = \mathbb{Q}$.

5. 求 $f(x)$ 在 $\mathbb{Q}$ 上的伽罗瓦群, 其中

(i) $f(x) = x^5 - 16x - 2$;

(ii) $f(x) = x^5 - 6x + 3$.

6. 设 $E = \mathbb{Q}(\sqrt{2}, \sqrt{3}, u)$, $u^2 = (9 - 5\sqrt{3})(2 - \sqrt{2})$. 求伽罗瓦群 $\mathrm{Gal}(E/\mathbb{Q})$.

7. 设 G 是 S_n 的可迁子群, H 是 G 的正规子群. 则 $\{1, \cdots, n\}$ 每个 H-轨道有相同的长度. 由此证明: 若 $n = p$ 是素数且 $H \neq \{1\}$, 则 H 也是 S_n 的可迁子群, 从而 $p \mid |H|$, 进而 H 含有 p-轮换.

8. 设 p 是素数, 用 L 表示 p 元域 $\mathbb{Z}_p$ 的所有形如 $\sigma_{a,b} : x \mapsto ax + b$, $0 \neq a, b \in \mathbb{Z}_p$ 的一一变换对于映射的合成作成的群, 用 T 表示 L 中所有形如 $\sigma_b : x \mapsto x + b$, $b \in \mathbb{Z}_p$ 的元作成的子群. 将 L 视为 $\mathbb{Z}_p$ 的置换群, 即视 L 为对称群 S_p 的子群. 证明

(i) $L \cong \{ \left(\begin{smallmatrix} a & b \\ 0 & 1 \end{smallmatrix} \right) \mid a \in \mathbb{Z}_p^*, b \in \mathbb{Z}_p \}$, L 是 $\mathbb{Z}_p$ 的可迁置换群, 且 L 是可解群;

(ii) $T \cong \{ \left(\begin{smallmatrix} 1 & b \\ 0 & 1 \end{smallmatrix} \right) \mid b \in \mathbb{Z}_p \}$, T 是 $\mathbb{Z}_p$ 的可迁置换群, 且 T 是 L 的唯一西罗 p-子群 (从而 T 是 L 的正规子群);

(iii) 设 $\{1\} \neq H \leq L$. 利用习题 7 证明: H 是 L 的正规子群当且仅当 $T \leq H$;

(iv) 设 $T \leq H \leq L$. 则 T 恰是 H 中所有没有固定点的元生成的子群;

(v) 设 $T \leq H \leq L$. 则 T 恰是 H 中所有 p-轮换生成的子群.

9. 设 L 和 T 同上题, $T \leq H \leq L$, G 是 S_p 的子群且 H 是 G 的正规子群. 证明

(i) 设 $1 \neq \sigma \in G$. 利用上题 (iv) 证明: 存在 $0 \neq a \in \mathbb{Z}_p$ 使得 $\sigma(x+1) = \sigma\sigma_1(x) = \sigma\sigma_1\sigma^{-1}\sigma(x) = \sigma(x) + a$, $\forall x \in \mathbb{Z}_p$;

(ii) $G \le L$.

10. 设 K 是 S_p 的可解的可迁子群. 证明

(i) K 有不为 $\{1\}$ 的阿贝尔正规子群;

(ii) K 的除 $\{1\}$ 以外的任意正规子群必然包含 K 的所有西罗 p-子群 (利用习题 7);

(iii) K 的西罗 p-子群 P 是 K 的正规子群.

(iv) K 与群 H 在 S_p 中共轭, 其中 H 满足 $T \le H \le L$, L 和 T 的定义如同习题 8 (提示: 利用 P 与 T 共轭的事实和习题 9.).

上述习题中最后一个结论描述了素数次对称群 S_p 的所有可解的可迁子群. 下面的习题进一步给出 S_p 的可解的可迁子群的性质.

11. 设 G 是 S_p 的可解的可迁子群, G 与群 H 在 S_p 中共轭, 其中 H 满足 $T \le H \le L$, L 和 T 的定义如同习题 8. 证明

(i) $|G| = |H| = pm$, 其中 $m \mid (p-1)$;

(ii) 设 $s \mid (p-1)$. L 的 ps 阶子群必为 $\{ \left(\begin{smallmatrix} a & b \\ 0 & 1 \end{smallmatrix} \right) \mid a \in \langle c^{\frac{p-1}{s}} \rangle, \ b \in \mathbb{Z}_p \}$, 其中 c 是乘法循环群 $\mathbb{Z}_p^*$ 的生成元;

(iii) L 中任一非单位元的元的阶或者是 p, 或者是 s, 其中 $s \mid (p-1)$;

(iv) $\left(\begin{smallmatrix} 1 & b \\ 0 & 1 \end{smallmatrix} \right)$, $0 \ne b \in \mathbb{Z}_p$, 是 L 中全部阶为 p 的元;

$\left(\begin{smallmatrix} c^{\frac{p-1}{s}} & b \\ 0 & 1 \end{smallmatrix} \right)$, $b \in \mathbb{Z}_p$, 是 L 中全部阶为 s 的元, 其中 $\mathbb{Z}_p^* = \langle c \rangle$;

(v) 设 W 是 H 的任意 m 阶子群. 则 $H = TW$.

特别地, $H = TV$, 其中 $V = \{ \left(\begin{smallmatrix} a & 0 \\ 0 & 1 \end{smallmatrix} \right) \mid a \in \langle c^{\frac{p-1}{m}} \rangle \} = \left\langle \left(\begin{smallmatrix} c^{\frac{p-1}{m}} & 0 \\ 0 & 1 \end{smallmatrix} \right) \right\rangle$.

由此证明: H 的任意 m 阶子群均同构于 V, 从而是循环群;

(vi) G 的任意两个 m 阶子群交为 $\{1\}$.

12. 讨论任意域 F (特征可以为 2) 上的 4 次多项式 (未必不可约) 的伽罗瓦群.

§4. 一般方程的伽罗瓦群*

数学中多项式
是不尽的源泉

4.1 一般方程

设 F 是域, $x_1, \cdots, x_n$ 是独立的不定元, $p_1, \cdots, p_n$ 是 $x_1, \cdots, x_n$ 的初等对称多项式 (参见附录 I, 9.4). 我们计算有理函数域 $F(x_1, \cdots, x_n)$ 在其子域 $F(p_1, \cdots, p_n)$ 上的伽罗瓦群.

引理 4.1 域扩张 $F(x_1, \cdots, x_n)/F(p_1, \cdots, p_n)$ 是有限伽罗瓦扩张, 且

$$\mathrm{Gal}(F(x_1, \cdots, x_n)/F(p_1, \cdots, p_n)) = S_n; \quad \mathrm{Inv}(S_n) = F(p_1, \cdots, p_n).$$

特别地, 任意对称的有理函数均可表为初等对称多项式的有理函数.

证明 令 $g(x) = (x - x_1) \cdots (x - x_n) \in F(x_1, \cdots, x_n)[x]$. 则 $g(x) = x^n - p_1 x^{n-1} + \cdots + (-1)^n p_n \in F(p_1, \cdots, p_n)[x]$, 且 $g(x)$ 在 $F(p_1, \cdots, p_n)$ 上的分裂域为 $F(p_1, \cdots, p_n, x_1, \cdots, x_n) = F(x_1, \cdots, x_n)$. 从而 $F(x_1, \cdots, x_n)/F(p_1, \cdots, p_n)$ 是有限伽罗瓦扩张. 由定理 3.1 (i) 我们有群的单同态

$$\mathrm{Gal}(F(x_1, \cdots, x_n)/F(p_1, \cdots, p_n)) \hookrightarrow S_n.$$

另一方面, S_n 的任意元 σ 诱导出环 $F[x_1, \cdots, x_n]$ 的一个自同构, 它将 F 中元保持不动并将 x_i 送到 $x_{\sigma(i)}$, $1 \le i \le n$. 从而 σ 诱导出商域 $F(x_1, \cdots, x_n)$ 的一个自同构, 仍记为 σ, 它将 $F(p_1, \cdots, p_n)$ 中的元保持不动, 故 $\sigma \in \mathrm{Gal}(F(x_1, \cdots, x_n)/F(p_1, \cdots, p_n))$. 因此上述单同态

是满射. 从而 $\mathrm{Gal}(F(x_1, \cdots, x_n)/F(p_1, \cdots, p_n)) = S_n$. 再由伽罗瓦理论基本定理知 $\mathrm{Inv}(S_n) = F(p_1, \cdots, p_n)$. ∎

设 F 是域, $t_1, \cdots, t_n$ 是独立的不定元. 称有理函数域 $F(t_1, \cdots, t_n)$ 上的方程 $f(x) = x^n - t_1 x^{n-1} + \cdots + (-1)^n t_n = 0$ 是 F 上的 n 次一般方程.

定理 4.2 域 F 上的 n 次一般方程 $f(x) = x^n - t_1 x^{n-1} + \cdots + (-1)^n t_n = 0$ 在 $F(t_1, \cdots, t_n)$ 上不可约且无重根; 并且它在域 $F(t_1, \cdots, t_n)$ 上的伽罗瓦群是对称群 S_n.

证明 设 E 是 $f(x)$ 在 $F(t_1, \cdots, t_n)$ 上的分裂域, 且在 $E[x]$ 中有 $f(x) = (x - y_1) \cdots (x - y_n)$. 由根与系数的关系知 $E = F(t_1, \cdots, t_n, y_1, \cdots, y_n) = F(y_1, \cdots, y_n)$.

考虑新的独立的不定元 $x_1, \cdots, x_n$. 令 $p_1, \cdots, p_n$ 是 $x_1, \cdots, x_n$ 的初等对称多项式, $g(x) = (x - x_1) \cdots (x - x_n) \in F(p_1, \cdots, p_n)[x]$. 由引理 4.1 知 $\mathrm{Gal}(F(x_1, \cdots, x_n)/F(p_1, \cdots, p_n)) = S_n$. 因为 $t_1, \cdots, t_n$ 是不同的不定元, 故有环的满同态 $\sigma: F[t_1, \cdots, t_n] \to F[p_1, \cdots, p_n]$, 其中 σ 在 F 上的限制是恒等且 $\sigma(t_i) = p_i$, $1 \le i \le n$. 我们断言 σ 是环同构. 事实上, 因为 $x_1, \cdots, x_n$ 也是不同的不定元, 故有环的满同态 $\tau: F[x_1, \cdots, x_n] \to F[y_1, \cdots, y_n]$ 使得 τ 在 F 上的限制是恒等且 $\tau(x_i) = y_i$, $1 \le i \le n$. 因为

$$\tau\sigma(t_i) = \tau(p_i) = \tau\left(\sum_{j_1 < j_2 < \cdots < j_i} x_{j_1} x_{j_2} \cdots x_{j_i}\right)$$

$$= \sum_{j_1 < j_2 < \cdots < j_i} y_{j_1} y_{j_2} \cdots y_{j_i} = t_i,$$

故 $\tau\sigma = \mathrm{Id}$, 因此 σ 是单同态, 从而 σ 是环同构. 于是 σ 可延拓成商域的同构 $F(t_1, \cdots, t_n) \to F(p_1, \cdots, p_n)$, 仍记为 σ. 这一域同构 σ 又诱导出环同构 $F(t_1, \cdots, t_n)[x] \to F(p_1, \cdots, p_n)[x]$, 仍记为 σ, 使得 $\sigma(x) = x$, 从而

$$\sigma(f(x)) = \sigma(x^n - t_1 x^{n-1} + \cdots + (-1)^n t_n)$$
$$= x^n - \sigma(t_1) x^{n-1} + \cdots + (-1)^n \sigma(t_n)$$
$$= x^n - p_1 x^{n-1} + \cdots + (-1)^n p_n = g(x).$$

现在, E 是 $f(x)$ 在 $F(t_1, \cdots, t_n)$ 上的分裂域, 而 $F(x_1, \cdots, x_n)$ 是 $g(x)$ 在 $F(p_1, \cdots, p_n)$ 上的分裂域, 因此根据同构延拓定理知 σ 可以延拓成域同构 $\rho: E \cong F(x_1, \cdots, x_n)$. 因为 $\rho(F(t_1, \cdots, t_n)) = F(p_1, \cdots, p_n)$, 故 ρ 诱导出同构

$$\mathrm{Gal}(E/F(t_1, \cdots, t_n)) \cong \mathrm{Gal}(F(x_1, \cdots, x_n)/F(p_1, \cdots, p_n)) = S_n.$$

域同构 $\rho: E \cong F(x_1, \cdots, x_n)$ 又诱导出环同构 $\rho: E[x] \to F(x_1, \cdots, x_n)[x]$. 在 $F(x_1, \cdots, x_n)[x]$ 中我们有

$$(x-x_1)\cdots(x-x_n) = g(x) = \sigma(f(x)) = \rho(f(x)) = (x-\rho(y_1))\cdots(x-\rho(y_n)),$$

因为 $x_1, \cdots, x_n$ 两两不同, 故 $\rho(y_1), \cdots, \rho(y_n)$ 两两不同, 从而 $y_1, \cdots, y_n$ 两两不同, 即 $f(x)$ 无重根. 再由定理 3.1 (iii) 知 $f(x)$ 在 $F(t_1, \cdots, t_n)$ 上不可约. 这就完成了证明. ∎

4.2 伽罗瓦反问题

由定理 4.2 知: 对任意正整数 n, 对称群 S_n 是某个域 K 上无重根多项式的伽罗瓦群, 这里 K 的特征可以是任意的. 而由凯莱 (Arthur Cayley, 1821—1895) 定理知任一有限群 G 均是某个对称群的子群. 自然地问: G 是否是某个域 L 上无重根多项式的伽罗瓦群? 利用伽罗瓦理论基本定理容易给出这个问题的肯定回答.

推论 4.3 任一有限群 G 均是某个域 L 上无重根多项式的伽罗瓦群, 其中 L 的特征可以是任意的.

证明 有限群 G 均是某个对称群 S_n 的子群. 由定理 4.2 知 $S_n = \mathrm{Gal}(f(x), F(t_1, \cdots, t_n))$, 其中 $f(x) = 0$ 是任意域 F 上 n 次一般方程.

设 E 是 $f(x)$ 在 $F(t_1, \cdots, t_n)$ 上的分裂域. 由伽罗瓦理论基本定理知存在 $E/F(t_1, \cdots, t_n)$ 的中间域 L 使得 $G = \mathrm{Gal}(E/L)$. 因为 E 也是无重根多项式 $f(x) \in L[x]$ 在 L 上的分裂域, 从而 $G = \mathrm{Gal}(E/L) = \mathrm{Gal}(f(x), L)$. ∎

注记 4.4 但是, 如果在上述问题中限定基域 L 为有理数域 $\mathbb{Q}$, 即, 是否任意有限群 G 均是 $\mathbb{Q}$ 上某个无重根多项式的伽罗瓦群? 这个问题通常称为伽罗瓦反问题. 这个极端困难的问题已有一百多年的历史, 许多人为之努力但迄今仍未解决, 其中包括像希尔伯特 (David Hilbert, 1862—1943)、诺特 (Emmy Noether, 1882—1935)、沙法列维奇 (Igor Rostislavovich Shafarevich, 1923—2017)、汤普森 (John Griggs Thompson, 1932—)、塞尔 (Jean-Pierre Serre, 1926—) 这样的大数学家.

在 §6 中我们将看到, 对于 $G = S_n$, 伽罗瓦反问题的答案是肯定的; 对于 $G = A_n$, 答案也是肯定的. 1954 年沙法列维奇利用代数数论的深入结果证明了对于有限可解群, 伽罗瓦反问题的答案是肯定的. 汤普森证明了对于中心平凡且有有理强刚性共轭类组的有限群, 伽罗瓦反问题的答案是肯定的; 他还证明了对于阶数最大的有限单群 (称为魔群), 答案也是肯定的. 这方面的详细进展可参阅专著 [MM], [S], 和 [V].

下面我们证明: 伽罗瓦反问题的答案对于有限阿贝尔群是肯定的.

定理 4.5 设 G 是有限阿贝尔群. 则 G 是 $\mathbb{Q}$ 上某一无重根多项式的伽罗瓦群.

证明 由有限阿贝尔群的结构定理 (附录 I 定理 9.6) 知 $G = G_1 \oplus \cdots \oplus G_t$, 其中 G_i 是 m_i 阶循环群, $1 \leq i \leq t$.

由狄利克雷定理 (附录 II 定理 10.17) 知存在两两不同的素数 $p_1, \cdots, p_t$, 和正整数 $n_1, \cdots, n_t$, 使得

$$p_j - 1 = n_j m_j, \quad 1 \leq j \leq t.$$

令 $n = p_1 \cdots p_t$. 考虑分圆域 $\Gamma_n = \mathbb{Q}(\omega)$, 其中 ω 是 n 次本原单位根.

令 $A = \mathrm{Gal}(\Gamma_n/\mathbb{Q})$. 由推论 3.9 知

$$A = \mathrm{Gal}(\Gamma_n/\mathbb{Q}) = \mathrm{Gal}(\Gamma_{p_1}/\mathbb{Q}) \oplus \cdots \oplus \mathrm{Gal}(\Gamma_{p_t}/\mathbb{Q}) = \langle \sigma_1 \rangle \oplus \cdots \oplus \langle \sigma_t \rangle,$$

其中 $\langle \sigma_i \rangle$ 是 $p_i - 1$ 阶循环群. 从而 A 有 $n_1 \cdots n_t$ 阶子群 $B = \langle \sigma_1^{m_1} \rangle \oplus \cdots \oplus \langle \sigma_t^{m_t} \rangle$. 注意到 A/B 恰是阶分别为 $m_1, \cdots, m_t$ 的循环群的直和, 所以 $A/B \cong G$.

现在, 令 $E = \mathrm{Inv}(B) \subseteq \Gamma_n$. 则由伽罗瓦理论基本定理即知

$$\mathrm{Gal}(E/\mathbb{Q}) \cong A/B \cong G. \qquad \blacksquare$$

伽罗瓦正问题 (即求方程的伽罗瓦群) 和伽罗瓦反问题都是代数和数论中富有意义和持久兴趣的研究课题.

习 题

1. 设域 F 的特征不为 2, $f(x) \in F(t_1, \cdots, t_n)[x]$ 是 F 上 n 次一般方程, 其根为 $x_1, \cdots, x_n$. 则 $\mathrm{Gal}(F(x_1, \cdots, x_n)/K) = A_n$, 其中 $K = F(t_1, \cdots, t_n, \sqrt{d(f)})$, $d(f)$ 是 $f(x)$ 的判别式.

2. 设 $f(x) \in F(t_1, \cdots, t_5)$ 是域 F 上 5 次一般方程, 其根为 $x_1, \cdots, x_5$. 令

$$\alpha = x_1 x_2 + x_2 x_3 + x_3 x_4 + x_4 x_5 + x_5 x_1,$$
$$\beta = x_1 x_3 + x_1 x_4 + x_2 x_4 + x_2 x_5 + x_3 x_5.$$

则

   (i) $D_5 = \{1, (12345), (13524), (14253), (15432), (12)(35), (13)(45), (14)(23), (15)(24), (25)(34)\} = \langle (12345), (12)(35) \rangle$ 是交错群 A_5 的可解子群;

   (ii) $\alpha - \beta \in \mathrm{Inv}(D_5)$;

   (iii) 求 $A_5(\alpha - \beta)$;

   (iv) 设 F 的特征不为 2. 则 $[K(\alpha - \beta) : K] = 6$, 其中 $K = F(t_1, \cdots, t_5, \sqrt{d(f)})$, $d(f)$ 是 $f(x)$ 的判别式.

§5. 方程根式可解的伽罗瓦大定理

不发现将其转化的创造

解不出圣贤留下的难题

作为伽罗瓦理论基本定理的主要应用, 本节我们解决多项式方程的根式可解性问题. 作为推论就可以知道: 不存在 n $(n \geq 5)$ 次多项式方程 $f(x) = 0$ 的求根公式, 从而彻底解决了这个古典代数学的难题.

5.1 历史背景及表述

人们熟知, 低次 (2 次、3 次、4 次) 多项式方程 $f(x) = 0$ 都有所谓的求根公式. 自 16 世纪, 人们关心 5 次和 5 次以上次方程是否也有类似的求根公式, 即: 给定整数 n $(n \geq 5)$, 是否存在这样一个公式, 使得任意 n 次多项式的根都能通过其系数的有限次的加减乘除运算和开方运算 (开 2 次方、开 3 次方, 等等) 得到. 此后两百余年, 这一问题困惑了许多数学家, 包括像欧拉这样伟大的数学家. 拉格朗日说: "它好像在向人类智慧挑战!"

拉格朗日首先预见高次方程的上述求根公式不存在, 但始终无法证明. 阿贝尔完全解决了这个问题: 他证明了当 $n \geq 5$ 时, n 次一般方程根式不可解. 这意味着不存在高次方程的上述求根公式. 在此之前, 鲁菲尼也发表了这个结果, 但他的证明有严重的错误. 今天这一结果通常被称为阿贝尔–鲁菲尼定理.

伽罗瓦得到更深刻的结果; 并且, 他引入的概念和方法, 从推动科学发展的意义上说, 兼具革命性和建设性. 以今日之观点, 不存在上述求根公式并不要紧, 还可用其他方法 (例如数值计算) 求解其根. 另一方面, 尽管 n 次方程 $(n \geq 5)$ 的求根公式不存在, 但仍有许多 n 次方程根式可解, 即它们的根均落在系数域的有限次根式扩张中. 如何描述根式可解与不可解的差别? 其机理何在? 这在大数学家阿贝尔的工作中并未得到体现.

以今日之语言, 伽罗瓦大定理指出: 一个方程根式可解当且仅当其伽罗瓦群是可解群. 因为 n 次一般方程的伽罗瓦群是对称群 S_n; 而当 $n \geq 5$ 时, S_n 不可解, 由此立即推出阿贝尔–鲁菲尼定理: 当 $n \geq 5$ 时, n 次一般方程根式不可解.

首先我们明确多项式方程根式可解的意思.

定义 5.1 (i) 设 E/F 是域扩张. 若存在 $d \in E$ 和正整数 n 使得 $E = F(d)$ 并且 $d^n = a \in F$, 则称 E/F 为根式扩张.

特别地, 若 $n = 2$, 则称 E/F 为平方根式扩张.

(ii) 域扩张链 $F = F_1 \subseteq F_2 \subseteq \cdots \subseteq F_{r+1} = K$ 称为 F 的根塔, 如果每个 F_{i+1}/F_i 均为根式扩张.

如果每个 F_{i+1}/F_i 均为平方根式扩张, 这个根塔称为 F 的平方根塔.

(iii) 设 $f(x) \in F[x]$ 是正次数多项式, E 是 $f(x)$ 在 F 上的分裂域. 如果存在 F 的根塔 K 使得 $E \subseteq K$, 则称方程 $f(x) = 0$ 在 F 上根式可解.

显然, 如果存在系数在域 F 中 n 次方程的求根公式 (在上述意义下的), 那么域 F 上任意 n 次方程在 F 上必然都是根式可解的; 换言之, 只要有一个域 F 上的 n 次方程在 F 上根式不可解, 当然就不会存在 F 上 n 次方程的求根公式了. 但是, 对于固定的正整数 n 和域 F, 即便 F 上所有的 n 次方程都是根式可解的, 也未必有上述意义下的求根公式: 我们立刻就会看到这样的例子.

定理 5.2 (伽罗瓦大定理)　设 $f(x)$ 是特征为零的域 F 上的正次数多项式. 则 $f(x) = 0$ 在 F 上根式可解当且仅当 $f(x)$ 在 F 上的伽罗瓦群 G_f 是可解群.

注记 5.3　在证明定理 5.2 之前, 我们首先利用它给出上述古典难题的解答.

(i)　对于整数 $n \geq 5$, $\mathbb{Q}[x]$ 中总存在 n 次多项式 $f(x)$ 使得群 $\mathrm{Gal}(f(x), \mathbb{Q})$ 不可解. 例如, 取 $f(x) = x^{n-5}(x^5 - 15x^2 + 9)$. 则由例 3.11 知 $\mathrm{Gal}(f(x), \mathbb{Q}) = S_5$, 而 S_5 不可解, 从而由定理 5.2 知 $f(x) = 0$ 在 $\mathbb{Q}$ 上根式不可解, 因此也就更不会存在一个 $\mathbb{Q}$ 上 n $(n \geq 5)$ 次方程的求根公式!

(ii)　对任意特征零的域 F, 由定理 4.2 知 F 上 n 次一般方程在域 $F(t_1, \cdots, t_n)$ 上的伽罗瓦群是 S_n. 当 $n \geq 5$ 时 S_n 不可解, 从而由定理 5.2 得到

阿贝尔–鲁菲尼定理　特征为零的域 F 上 n 次一般方程在域 $F(t_1, \cdots, t_n)$ 上根式不可解, 其中 $n \geq 5$.

阿贝尔–鲁菲尼定理意味着不会存在一个求根公式, 使得 $F[x]$ 中的任意 n $(n \geq 5)$ 次多项式的根能通过其系数的有限次的加减乘除和开方运算得到! (请读者考虑这是为什么? 提示: 因为考虑的是 $F[x]$ 中任意 n 次多项式, 其 n 个系数可以看成 n 个独立的不定元!) 这就完全解决了上述古典难题!

(iii)　对整数 $n \geq 5$, 尽管不会有特征 0 域 F 上 n 次方程的求根公式, 但是却存在这样的域 F, 使得 $F[x]$ 中的每个 n 次多项式方程在 F 上都是根式可解的. 例如, 实数域 $\mathbb{R}$ 就是这样的例子: 由代数基本定理知 $\mathbb{R}[x]$ 中的不可约多项式 $f(x)$ 的次数是 1 或 2, 从而 $f(x)$ 在 $\mathbb{R}$ 上均是根式可解的.

5.2 充分性的证明

为使定理 5.2 的证明不致过长, 我们先证充分性.

引理 5.4 设 p 是素数, 域 F 的特征为 0 或者不等于 p, 且 F 含有 p 次本原单位根 ω. 设 E/F 是 p 次伽罗瓦扩张且 $\mathrm{Gal}(E/F) = \langle \sigma \rangle$. 则存在 $z \in E$ 使得 $E = F(z)$ 且 $z^p \in F$, 从而 E/F 是根式扩张.

证明 首先 E 是 F 的单扩域 (附录 II 定理 10.11), 故可设 $E = F(c)$, 其中 $c \notin F$. 考虑

$$(1, c) := c + \sigma(c) + \sigma^2(c) + \cdots + \sigma^{p-1}(c) \in E$$

以及 $p-1$ 个元, 通常称为拉格朗日预解式

$$(\omega^i, c) := c + \omega^i \sigma(c) + \omega^{2i} \sigma^2(c) + \cdots + \omega^{(p-1)i} \sigma^{p-1}(c) \in E, \ \ 1 \le i \le p-1.$$

注意到 $(1, c) \in \mathrm{Inv}(\mathrm{Gal}(E/F)) = F$.

因为 p 是素数, 故对于任意的 i, 其中 $1 \le i \le p-1, 1, \omega^i, \omega^{2i}, \cdots, \omega^{(p-1)i}$ 是全部的 p 次单位根. 从而 $\sum_{0 \le j \le p-1} \omega^{ij} = 0, \ 1 \le i \le p-1$. 于是

$$\sum_{0 \le i \le p-1} (\omega^i, c) = (1, c) + (\omega, c) + \cdots + (\omega^{p-1}, c) = pc.$$

所以存在 i, 其中 $1 \le i \le p-1$, 使得 $(\omega^i, c) \ne 0$ (否则, $pc = (1, c) \in F$. 因 F 的特征为 0 或者不等于 p, 故得到矛盾 $c \in F$). 不妨设 $z := (\omega, c) \ne 0$.

因 $\omega \in F$, 故 $\sigma(\omega) = \omega$. 由 $\sigma^p = \mathrm{Id}_E$ 得到

$$\sigma(z) = \sigma(c) + \omega\sigma^2(c) + \cdots + \omega^{p-2}\sigma^{p-1}(c) + \omega^{p-1}c = \omega^{-1}z.$$

考虑 $\mathrm{Gal}(E/F) = \langle \sigma \rangle$ 的子群 $\mathrm{Gal}(E/F(z))$. 因为 $\sigma^i(z) = \omega^{-i}z$ 且 $z \ne 0$, 故 $\sigma^i(z) = z$ 当且仅当 $\sigma^i = \mathrm{Id}$. 从而 $\mathrm{Gal}(E/F(z)) = \{1\} = \mathrm{Gal}(E/E)$. 由伽罗瓦理论基本定理知 $E = F(z)$. 又因为 $\sigma(z^p) = z^p$, 故由伽罗瓦理论基本定理知 $z^p \in \mathrm{Inv}(\langle \sigma \rangle) = F$. ■

伽罗瓦大定理的充分性的证明. 设 G_f 是可解群, 即 $\mathrm{Gal}(E/F)$ 是可解群, 其中 E 是 $f(x)$ 在 F 上的分裂域. 令 $n = [E : F]$, ω 是 n 次本原单位根, $F_2 = F(\omega)$, $K = E(\omega)$. 则 K 是 $f(x)$ 在 F_2 上的分裂域; 又因 F 特征 0, 故 K/F_2 是有限伽罗瓦扩张. 注意到 $\eta \mapsto \eta|_E$ 是群 $\mathrm{Gal}(K/F_2)$ 到群 $\mathrm{Gal}(E/F)$ 的单同态, 即 $\mathrm{Gal}(K/F_2)$ 是可解群 $\mathrm{Gal}(E/F)$ 的子群, 从而 $\mathrm{Gal}(K/F_2)$ 也是可解群. 故有次正规群列

$$\mathrm{Gal}(K/F_2) = H_2 \rhd H_3 \rhd \cdots \rhd H_{r+1} = \{1\}$$

使得 H_i/H_{i+1} 是素数 p_i 阶循环群.

对 K/F_2 使用伽罗瓦理论基本定理得到如下域扩张链

$$F_2 \subseteq F_3 \subseteq \cdots \subseteq F_{r+1} = K,$$

其中 $F_i = \mathrm{Inv}(H_i)$. 注意 K/F_i 是有限伽罗瓦扩张, $\mathrm{Gal}(K/F_i) = \mathrm{Gal}(K/\mathrm{Inv}(H_i)) = H_i$, H_{i+1} 是 H_i 的正规子群. 对于 K/F_i 用伽罗瓦理论基本定理知 F_{i+1}/F_i 是正规扩域 (从而是有限伽罗瓦扩张且 $[F_{i+1} : F_i] = |\mathrm{Gal}(F_{i+1}/F_i)|)$, 并且 $\mathrm{Gal}(F_{i+1}/F_i) \cong H_i/H_{i+1}$. 因 $\omega \in F_2$, 故 F_i 包含 n 次本原单位根; 又 $p_i \mid |\mathrm{Gal}(K/F_2)| \mid n$, 故 F_i 包含 p_i 次本原单位根. 因此由引理 5.4 知 F_{i+1}/F_i 是根式扩张, $2 \leq i \leq r$. 从而有根塔

$$F = F_1 \subseteq F_2 \subseteq \cdots \subseteq F_{r+1} = K$$

使得 $E \subseteq K = E(\omega)$, 即 $f(x) = 0$ 在 F 上根式可解. ■

5.3 必要性的证明

为证定理 5.2 中的必要性, 先看一个技术性引理.

引理 5.5 设 F 是任意特征的域, E/F 是有限可分扩张.

(i) 若 E 是 F 的根塔, 则存在 E 的有限扩域 N, 使得 N/F 是有限伽罗瓦扩张, 且 N 也是 F 的根塔.

(ii) 若 E 是 F 的平方根塔, 则存在 E 的有限扩域 N, 使得 N/F 是有限伽罗瓦扩张, 且 N 也是 F 的平方根塔.

证明 设 $E = F(\alpha_1, \cdots, \alpha_m)$, $f_i(x)$ 是 α_i 在 F 上的极小多项式. 则 $f_i(x)$ 无重根. 令 N 是 $f_1(x) \cdots f_m(x)$ 在 F 上的分裂域. 则 N 是 E 的有限扩域, 且 N/F 是有限伽罗瓦扩张. 设 $F = F_1 \subseteq F_2 \subseteq \cdots \subseteq F_{r+1} = E$ 是域扩张链, 使得 $F_{i+1} = F_i(d_i)$, $d_i^{n_i} \in F_i$, $1 \le i \le r$. 则 $E = F(d_1, \cdots, d_r)$. 设 $\mathrm{Gal}(N/F) = \{1 = \sigma_1, \cdots, \sigma_n\}$, $n = [N : F]$. 令

$$L = F(d_1, \cdots, d_r, \sigma_2(d_1), \cdots, \sigma_2(d_r), \cdots, \sigma_n(d_1), \cdots, \sigma_n(d_r)).$$

则 L 是 N/F 的中间域. 由命题 2.3 知 L/F 是正规扩张. 而 N 是包含 E 的 F 的最小正规扩张, 故 $N = L$. 考虑域扩张链

$$F \subseteq F(d_1) \subseteq F(d_1, \sigma_2(d_1)) \subseteq \cdots \subseteq F(d_1, \sigma_2(d_1), \cdots, \sigma_n(d_1))\sigma_2(d_1),$$

$$\subseteq F(d_1, \cdots, \sigma_n(d_1), d_2) \subseteq \cdots$$

$$\subseteq F(d_1, \sigma_2(d_1), \cdots, \sigma_n(d_1), d_2, \sigma_2(d_2), \cdots, \sigma_n(d_2)) \subseteq \cdots$$

$$\subseteq F(d_1, \cdots, \sigma_n(d_1), d_2, \cdots, \sigma_n(d_2), \cdots, d_r, \cdots, \sigma_{n-1}(d_r)) \subseteq N,$$

不难看出这是 F 的根塔. 这就证明了 (i). 在上述证明中若 n_i 均等于 2, 则得到 (ii). ∎

伽罗瓦大定理的必要性的证明. 设 $f(x) = 0$ 在 F 上根式可解. 即存在域扩张链

$$F = F_1 \subseteq F_2 \subseteq \cdots \subseteq F_{r+1} = K$$

使得 $F_{i+1} = F_i(d_i)$, $d_i^{n_i} \in F_i$, $1 \le i \le r$, 且 $E \subseteq K$, 这里 E 是 $f(x)$ 在 F 上的分裂域. 由引理 5.5 不妨设 K/F 是正规扩张. 令 n 是 $n_1, \cdots, n_r$ 的公倍数. 因为 F 的特征为 0, 故存在 F 的扩域包含 n 次本原单位根 ω. 于是 $K(\omega)/F$ 是有限伽罗瓦扩张并有域扩张链

$$F = E_0 \subseteq E_1 \subseteq E_2 \subseteq \cdots \subseteq E_{r+1} = K(\omega),$$

其中 $E_i = F_i(\omega)$, $1 \le i \le r+1$. 将 $\mathrm{Gal}(K(\omega)/-)$ 作用在这个域扩张链上得到子群链

$$\mathrm{Gal}(K(\omega)/F) \supseteq \mathrm{Gal}(K(\omega)/E_1) \supseteq \mathrm{Gal}(K(\omega)/E_2) \supseteq \cdots \supseteq \{1\}.$$

注意 $E_1/F = F(\omega)/F$ 是正规扩域. 又因为

$$E_{i+1} = F_{i+1}(\omega) = F_i(d_i)(\omega) = F_i(\omega)(d_i) = E_i(d_i), \quad d_i^{n_i} \in E_i, \ 1 \leq i \leq r,$$

E_i 包含 n_i 次本原单位根, 故 E_{i+1}/E_i 均为正规扩域, $0 \leq i \leq r$. 因为 $K(\omega)/F$ 是有限伽罗瓦扩张, 故 $K(\omega)/E_i$ 均是有限伽罗瓦扩域. 对 $K(\omega)/E_i$ 用伽罗瓦理论基本定理知 $\mathrm{Gal}(K(\omega)/E_{i+1})$ 是 $\mathrm{Gal}(K(\omega)/E_i)$ 的正规子群, $0 \leq i \leq r$. 所以上述子群链还是 $\mathrm{Gal}(K(\omega)/F)$ 的次正规群列, 且由伽罗瓦理论基本定理知

$$\mathrm{Gal}(K(\omega)/E_i)/\mathrm{Gal}(K(\omega)/E_{i+1}) \cong \mathrm{Gal}(E_{i+1}/E_i), \quad 0 \leq i \leq r.$$

由引理 3.6 (i) 知 $\mathrm{Gal}(E_1/F)$ 是阿贝尔群; 而由引理 3.6 (ii) 知 $\mathrm{Gal}(E_{i+1}/E_i)$ 也都是阿贝尔群, $1 \leq i \leq r$. 从而 $\mathrm{Gal}(K(\omega)/F)$ 是可解群.

因为 E/F 正规, 对 $K(\omega)/F$ 用伽罗瓦理论基本定理知

$$\mathrm{Gal}(E/F) \cong \mathrm{Gal}(K(\omega)/F)/\mathrm{Gal}(K(\omega)/E),$$

故 $G_f = \mathrm{Gal}(E/F)$ 是可解群. ■

至此证完伽罗瓦大定理.

当 $n \leq 4$ 时, n 次方程的伽罗瓦群均可解, 因而它们均根式可解. 但并不能由此就断言低次方程的求根公式一定存在. 下面我们按照定理 5.2 充分性证明的思路推出此公式. 虽然历史上这些公式远早于伽罗瓦理论, 但用这个思路推导, 来龙去脉比较自然.

5.4 3 次方程求根公式*

设域 F 的特征不为 2 和 3, $f(x) = x^3 - t_1 x^2 + t_2 x - t_3 \in F(t_1, t_2, t_3)[x]$, 其中 t_1, t_2, t_3 是独立的不定元. 作变量替换 $x = y + \frac{t_1}{3}$, 得到 $f(x) = g(y) = y^3 + py + q$, 其中

$$p = \frac{-t_1^2 + 3t_2}{3}, \quad q = \frac{-2t_1^3 + 9t_1 t_2 - 27t_3}{27}.$$

故只要考虑形如 $g(y) = y^3 + py + q = 0$ 的 3 次方程, 其中 p, q 是独立的不定元. 由 3.2 知 $g(y)$ 的判别式为 $d = -4p^3 - 27q^2$. 用 y_1, y_2, y_3 表示 $g(y)$ 的根. 令 $x_i = y_i + \frac{t_1}{3}$. 因 $g(y) \in F(t_1, t_2, t_3)[y]$ 与 $f(x)$ 在 $F(t_1, t_2, t_3)$ 上有相同分裂域 $E = F(x_1, x_2, x_3) = F(t_1, t_2, t_3, x_1, x_2, x_3)$ $= F(t_1, t_2, t_3, y_1, y_2, y_3)$, 故 $g(y)$ 在 $F(t_1, t_2, t_3)$ 上的伽罗瓦群也是 S_3, 它有合成列 $S_3 = \mathrm{Gal}(E/F(t_1, t_2, t_3)) \triangleright A_3 \triangleright \{1\}$. 由伽罗瓦理论基本定理和引理 3.3 知有扩域链 $F(t_1, t_2, t_3) \subseteq F(t_1, t_2, t_3, \sqrt{d}) \subseteq E$.

为应用引理 5.4, 将 3 次本原单位根 ω 添加到 E 中, 其中 $\omega = \frac{-1+\sqrt{-3}}{2}$, $\omega^2 = \frac{-1-\sqrt{-3}}{2}$. 因 $\mathrm{Gal}(E(\omega)/F(t_1, t_2, t_3, \sqrt{d}, \omega))$ 是 $\mathrm{Gal}(E/F(t_1, t_2, t_3, \sqrt{d})) = A_3$ 的子群且 $[E : F(t_1, t_2, t_3, \sqrt{d})] = 3$, 容易证明 (参见习题 2) $\mathrm{Gal}(E(\omega)/F(t_1, t_2, t_3, \sqrt{d}, \omega)) = A_3 = \langle (123) \rangle$. 现在按引理 5.4 证明中的方法作拉格朗日预解式

$$z_1 = (\omega, y_1) = y_1 + \omega y_2 + \omega^2 y_3,$$
$$z_2 = (\omega^2, y_1) = y_1 + \omega^2 y_2 + \omega y_3,$$
$$z_3 = (1, y_1) = y_1 + y_2 + y_3 = 0.$$

由 $1 + \omega + \omega^2 = 0$ 知

$$
\begin{aligned}
z_1^3 + z_2^3 &= (z_1 + z_2)(z_1 + \omega z_2)(z_1 + \omega^2 z_2) \\
&= (z_1 + z_2 + z_3)(z_1 + \omega z_2 + \omega^2 z_3)(z_1 + \omega^2 z_2 + \omega z_3) \\
&= (3y_1)(3\omega^2 y_3)(3\omega y_2) = -27q, \\
z_1^3 z_2^3 &= [(y_1 + \omega y_2 + \omega^2 y_3)(y_1 + \omega^2 y_2 + \omega y_3)]^3 \\
&= (y_1^2 + y_2^2 + y_3^2 - y_1 y_2 - y_1 y_3 - y_2 y_3)^3 = (-3p)^3,
\end{aligned}
$$

故 z_1^3 和 z_2^3 是 2 次方程 $x^2 + 27qx - 27p^3 = 0$ 的根, 故

$$z_1^3 = \frac{-27q + 3\sqrt{-3d}}{2}, \qquad z_2^3 = \frac{-27q - 3\sqrt{-3d}}{2},$$

这里两个 $\sqrt{-3d}$ 取相同的值. 由此解得 9 对 (z_1, z_2); 但 (z_1, z_2) 应满足 $z_1 z_2 = -3p$. 取任意一对满足 $z_1 z_2 = -3p$ 的 (z_1, z_2), 由 3 个拉格朗日

预解式解得 $g(y)$ 的 3 个根

$$y_1 = \frac{z_1 + z_2}{3}, \quad y_2 = \frac{\omega^2 z_1 + \omega z_2}{3}, \quad y_3 = \frac{\omega z_1 + \omega^2 z_2}{3}.$$

这就得到 3 次方程的求根公式.

5.5 4 次方程求根公式*

设 F 的特征不为 2 和 3, $f(x) = x^4 - t_1 x^3 + t_2 x^2 - t_3 x + t_4 \in F(t_1, t_2, t_3, t_4)[x]$, 其中 t_1, t_2, t_3, t_4 是独立的不定元. 作替换 $x = y + \frac{t_1}{4}$, 得到 $f(x) = g(y) = y^4 + py^2 + qy + r$, 其中

$$p = \frac{-3t_1^2 + 8t_2}{8}, \quad q = \frac{-t_1^3 + 4t_1 t_2 - 8t_3}{8},$$
$$r = \frac{-3t_1^4 + 16t_1^2 t_2 - 64t_1 t_3 + 256t_4}{256}.$$

故只要考虑形如 $g(y) = y^4 + py^2 + qy + r = 0$ 的 4 次方程, 其中 p, q, r 是独立的不定元. 用 y_i 表示 $g(y)$ 的根. 因 $g(y) \in F(t_1, t_2, t_3, t_4)[y]$ 与 $f(x)$ 在 $F(t_1, t_2, t_3, t_4)$ 上有相同的分裂域 E, 故 $g(y)$ 在 $F(t_1, t_2, t_3, t_4)$ 上的伽罗瓦群也是 S_4, 它有合成列

$$S_4 = \mathrm{Gal}(E/F(t_1, t_2, t_3, t_4)) \rhd A_4 \rhd V \rhd \{1, (12)(34)\} \rhd \{1\},$$

其中 $V = \{1, (12)(34), (13)(24), (14)(23)\}$. 由伽罗瓦理论基本定理和引理 3.3 知有扩域链

$$F(t_1, t_2, t_3, t_4) \subseteq F(t_1, t_2, t_3, t_4, \sqrt{d}) \subseteq \Lambda_1 \subseteq \Lambda_2 \subseteq E,$$

其中 $[\Lambda_1 : F(t_1, t_2, t_3, t_4)] = [\mathrm{Inv}(V) : F(t_1, t_2, t_3, t_4)] = [S_4 : V] = 6$. 令

$$\theta_1 := (y_1 + y_2)(y_3 + y_4), \quad \theta_2 := (y_1 + y_3)(y_2 + y_4),$$
$$\theta_3 := (y_1 + y_4)(y_2 + y_3), \quad \Lambda := F(t_1, t_2, t_3, t_4, \theta_1, \theta_2, \theta_3, \sqrt{d}),$$

其中 d 为 $g(y)$ 的判别式. 显然 $V \subseteq \mathrm{Gal}(E/\Lambda) \subseteq A_4$, 由此易知 $\mathrm{Gal}(E/\Lambda) = V$, 从而由伽罗瓦理论基本定理知 $\Lambda_1 = \Lambda = F(t_1, t_2, t_3, t_4,$

$\theta_1, \theta_2, \theta_3, \sqrt{d}$). 由根与系数的关系直接算知

$$h(x) := (x - \theta_1)(x - \theta_2)(x - \theta_3) = x^3 - 2px^2 + (p^2 - 4r)x + q^2.$$

利用 5.5 中公式可解出 3 次方程 $h(x) = 0$ 的根 $\theta_1, \theta_2, \theta_3$. 下面要由此得到 y_i. 因为

$$(y_1 + y_2)(y_3 + y_4) = \theta_1, \quad (y_1 + y_2) + (y_3 + y_4) = 0,$$
$$(y_1 + y_3)(y_2 + y_4) = \theta_2, \quad (y_1 + y_3) + (y_2 + y_4) = 0,$$
$$(y_1 + y_4)(y_2 + y_3) = \theta_3, \quad (y_1 + y_4) + (y_2 + y_3) = 0,$$

由根与系数的关系知 $y_1 + y_2$ 与 $y_3 + y_4$ 是 $x^2 + \theta_1$ 的两个根. 由此得到

$$y_1 + y_2 = \sqrt{-\theta_1}, \quad y_3 + y_4 = -\sqrt{-\theta_1},$$
$$y_1 + y_3 = \sqrt{-\theta_2}, \quad y_2 + y_4 = -\sqrt{-\theta_2},$$
$$y_1 + y_4 = \sqrt{-\theta_3}, \quad y_2 + y_3 = -\sqrt{-\theta_3}.$$

如何选取双值函数 $\sqrt{-\theta_i}$, 还需考虑到 $y_1 + y_2, y_1 + y_3, y_1 + y_4$ 之间的代数关系. 因为

$$(y_1 + y_2)(y_1 + y_3)(y_1 + y_4)$$
$$= y_1^2(y_1 + y_2 + y_3 + y_4) + (y_1 y_2 y_3 + y_1 y_2 y_4 + y_1 y_3 y_4 + y_2 y_3 y_4)$$
$$= -q,$$

所以 $\sqrt{-\theta_i}$ 的取值应满足

$$\sqrt{-\theta_1}\sqrt{-\theta_2}\sqrt{-\theta_3} = -q.$$

最后解得 $g(y)$ 的 4 个根为

$$y_1 = \frac{\sqrt{-\theta_1} + \sqrt{-\theta_2} + \sqrt{-\theta_3}}{2}, \quad y_2 = \frac{\sqrt{-\theta_1} - \sqrt{-\theta_2} - \sqrt{-\theta_3}}{2},$$
$$y_3 = \frac{-\sqrt{-\theta_1} + \sqrt{-\theta_2} - \sqrt{-\theta_3}}{2}, \quad y_4 = \frac{-\sqrt{-\theta_1} - \sqrt{-\theta_2} + \sqrt{-\theta_3}}{2}.$$

这就得到 4 次方程的求根公式.

习 题

1. 设 E/F 是 2 次域扩张且 F 的特征不为 2. 则 E/F 是根式扩张.

2. 设 E/F 是 p 次伽罗瓦扩张, p 为素数, a 是 E 上代数元且 $p\,[E(a):E] \neq [F(a):F]$. 则 $[E(a):F(a)] = p$.

3. 设 M 是 p 元域 $\mathbb{Z}_p$ 的代数扩域且包含所有 l 次本原单位根, 其中 l 是与素数 p 互素的正整数. 令 $F = M(t)$, E 是 $x^p - x - t$ 在域 F 上的分裂域, 这里 t 是不定元.

    (i) 证明 $[E:F] = p$.

    (ii) 设 a 是 F 上的代数元且 $a^n \in F$. 设 n 是使得 $a^n \in F$ 的最小的正整数且 $p \nmid n$. 则 a 在 F 上的极小多项式恰是 $x^n - a^n$.

    (iii) 设 a 是 F 上的代数元且 $a^n \in F$ 且 n 是使得 $a^n \in F$ 的最小的正整数. 假定 E 是 $K = F(a)$ 的子域, 则 a 在 F 上的极小多项式恰是 $x^n - a^n$ 且 $p \mid n$.

    (iv) 设 a 是 F 上的代数元且 $a^n \in F$ 且 n 是使得 $a^n \in F$ 的最小的正整数. 假定 $E = F(u)$ 是 $K = F(a)$ 的子域, 则 $u \in F(a^p)$.

4. 设 M 是 p 元域 $\mathbb{Z}_p$ 的代数扩域且包含所有 l 次本原单位根, 其中 l 是与素数 p 互素的正整数. 令 $F = M(t)$, E 是 $x^p - x - t$ 在域 F 上的分裂域, 这里 t 是不定元.

    (i) 设 K 是 F 的一个根式扩张. 利用上题证明 E 不会是 K 的子域.

    (ii) 证明 $x^p - x - t$ 在域 F 上根式不可解, 但其在 F 上的伽罗瓦群是循环群. 这说明定理 5.2 中条件 "F 的特征为 0" 一般是不能去掉的.

5. 将 $\cos\frac{2\pi}{5}$ 和 $\sin\frac{2\pi}{5}$ 表示成根式的形式.

6. (伽罗瓦定理) 设 $f(x)$ 是特征 0 的域 F 上素数次不可约多项式, E 是 $f(x)$ 在 F 上的分裂域. 证明 $f(x)$ 在 F 上根式可解当且仅当对于 $f(x)$ 的任意两个根 r_i 和 r_j, 有 $E = F(r_i, r_j)$.

    (提示. 充分性: 由 $|\mathrm{Gal}(E/F)| = pm$ 以及 $m \leq p - 1$ 推出 $G = \mathrm{Gal}(E/F)$ 的西罗 p-子群 $T = \langle(12\cdots p)\rangle$ 是正规子群; 再利用 §3 习题 9 知 $G \leq L$, 从而断言 G 的可解性.

    必要性: 利用 §3 习题 11 (vi) 知 $\mathrm{Gal}(E/F(r_i)) \cap \mathrm{Gal}(E/F(r_j)) = \{1\}$.)

7. 设域 F 的特征为 0, $f(x) = x^5 + px + q \in F[x]$ 的根为 $x_1, \cdots, x_5$. 令

$$\alpha = x_1 x_2 + x_2 x_3 + x_3 x_4 + x_4 x_5 + x_5 x_1,$$
$$\beta = x_1 x_3 + x_1 x_4 + x_2 x_4 + x_2 x_5 + x_3 x_5.$$

利用 §4 习题 2 证明

(i) 判别式 $d(f) = 2^8 p^5 + 5^5 q^4$;

(ii) 设 $d(f) \neq 0$. 则 $\alpha - \beta$ 是 $g(x) = (x^3 - 5px^2 + 15p^2 x + 5p^3)^2 - d(f)x$ 的根;

(iii) $f(x)$ 在 $F(\alpha - \beta, \sqrt{d(f)})$ 上根式可解.

§6. 模 p 法*

掌上有千秋
局部观整体

对于首一无重根整系数多项式 $f(x)$, 将 $f(x)$ 的系数模素数 p, 得到 p 元域 $\mathbb{Z}_p$ 上的多项式 $\overline{f}(x)$. 本节说明: 对于适当的 p, 伽罗瓦群 $\mathrm{Gal}(\overline{f}(x), \mathbb{Z}_p)$ 是伽罗瓦群 $\mathrm{Gal}(f(x), \mathbb{Q})$ 的子群. 作为应用, 可以证明有理数域上的伽罗瓦反问题对于对称群 S_n 是成立的, 即: 存在 $\mathbb{Z}$ 上 n 次不可约多项式 $f(x)$ 使得 $\mathrm{Gal}(f(x), \mathbb{Q}) = S_n$.

6.1 有理函数域

设 $E = F(r_1, \cdots, r_n)$ 是 F 上 n 次无重根多项式 $f(x)$ 在 F 上的分裂域, $r_1, \cdots, r_n$ 是 $f(x)$ 的根. 令 $L = E(x_1, \cdots, x_n)$, $K = F(x_1, \cdots, x_n)$, 其中 $x_1, \cdots, x_n$ 是独立的不定元. 则 $L = K(r_1, \cdots, r_n)$ 是 $f(x)$ 在 K 上的分裂域, 故 L/K 是有限伽罗瓦扩张. 下述事实说明: 分裂域扩张 E/F 与其有理函数域扩张 L/K 有相同的伽罗瓦群.

引理 6.1 记号同上, 则 $\tilde{\eta} \mapsto \tilde{\eta}|_E$ 给出群同构 $\mathrm{Gal}(L/K) \cong \mathrm{Gal}(E/F)$, 其逆同构由 $\eta \mapsto \tilde{\eta}$ 给出, 其中 $\tilde{\eta}|_E = \eta$, $\tilde{\eta}(x_i) = x_i$, $1 \le i \le n$.

证明 设 $\tilde{\eta} \in \mathrm{Gal}(L/K)$. 则 $\tilde{\eta}$ 引起 $f(x)$ 的根集的一个置换, 故 $\tilde{\eta}(E) = E$. 从而 $\tilde{\eta}|_E \in \mathrm{Gal}(E/F)$. 于是得到群同态 $\mathrm{Gal}(L/K) \to \mathrm{Gal}(E/F)$, $\tilde{\eta} \mapsto \tilde{\eta}|_E$. 设 $\eta \in \mathrm{Gal}(E/F)$. 令 $\tilde{\eta} : L \to L$ 是由 $\tilde{\eta}|_E = \eta$, $\tilde{\eta}(x_i) = x_i$, $1 \le i \le n$ 给出的域同构. 则 $\tilde{\eta} \in \mathrm{Gal}(L/K)$. 于是又有群同态 $\mathrm{Gal}(E/F) \to \mathrm{Gal}(L/K)$, $\eta \mapsto \tilde{\eta}$. 这两个群同态互为逆映射. ■

注 按定理 3.1 (i) 将 $\mathrm{Gal}(E/F)$ 和 $\mathrm{Gal}(L/K)$ 均视为对称群的子群时, 上述同构便成为真正的相等. 以下直接写成 $\mathrm{Gal}(L/K) = \mathrm{Gal}(E/F)$.

利用有理函数域扩张 L/K, 可以得到 $\mathrm{Gal}(E/F)$ 的新描述. 令

$$\theta := r_1 x_1 + \cdots + r_n x_n \in L.$$

对于置换 $\pi \in S_n$, 定义

$$\pi\theta := r_{\pi(1)} x_1 + \cdots + r_{\pi(n)} x_n \in L,$$

则 $\pi_1\theta = \pi_2\theta$ 当且仅当 $\pi_1 = \pi_2$. 当 $\pi \in \mathrm{Gal}(L/K)$ 时, 显然有 $\pi(\theta) = \pi\theta$. 令

$$\phi(x) := \prod_{\pi \in S_n} (x - \pi\theta) \in L[x], \qquad \phi_\pi(x) := \prod_{\sigma \in G_f} (x - \sigma\pi\theta) \in L[x],$$

其中 $G_f = \mathrm{Gal}(E/F) = \mathrm{Gal}(L/K)$. 特别地, 记 $\phi_1(x) := \phi_{(1)}(x) = \prod_{\sigma \in G_f}(x - \sigma\theta)$.

命题 6.2 设 $f(x)$, E/F, L/K, $\phi(x)$, $\phi_\pi(x)$ 定义同上, 其中 $\pi \in S_n$. 则

(i) $\pi \in \mathrm{Gal}(L/K)$ 当且仅当 $\phi_1(\pi\theta) = 0$;

(ii) $\phi_\pi(x)$ 是 $\pi\theta$ 在 K 上的极小多项式, 且 $\phi_\pi(x) \in F[x_1, \cdots, x_n][x]$;

(iii) $\phi(x) = \prod_{1 \le i \le m} \phi_{\pi_i}(x)$ 是 $\phi(x)$ 在 $K[x]$ 和 $F[x_1, \cdots, x_n][x]$ 中的不可约分解, 其中 $S_n = \bigcup_{1 \le i \le m} G_f \pi_i$ 是 S_n 关于 G_f 的右陪集分解.

证明 由 $\phi_1(x)$ 的构造立即得到 (i). 由根与系数的关系知 $\phi_\pi(x)$ 的系数在 $G_f = \mathrm{Gal}(L/K)$ 的元作用下不变, 故这些系数属于 $\mathrm{Inv}(\mathrm{Gal}(L/K)) = K$, 即 $\phi_\pi(x) \in K[x]$. 对任意 $\sigma \in \mathrm{Gal}(L/K)$, $\sigma(\pi\theta) = \sigma\pi\theta$ 也是 $\pi\theta$ 在 K 上的极小多项式的根, 从而 $\phi_\pi(x)$ 就是 $\pi\theta$ 在 K 上的极小多项式. 再由 $\phi_\pi(x)$ 的构造即知 $\phi_\pi(x) \in F[x_1, \cdots, x_n][x]$. 这就证明了 (ii).

我们有

$$\phi(x) = \prod_{1 \leq i \leq m} \prod_{\pi \in G_f \pi_i} (x - \pi\theta) = \prod_{1 \leq i \leq m} \prod_{\sigma \in G_f} (x - \sigma\pi_i\theta) = \prod_{1 \leq i \leq m} \phi_{\pi_i}(x).$$

由 (ii) 知这是 $\phi(x)$ 在 $K[x]$ 中的不可约分解. 因为 K 是 $F[x_1, \cdots, x_n]$ 的商域且 $\phi_{\pi_i}(x)$ 是首一的, 故 $\phi_{\pi_i}(x)$ 是 $F[x_1, \cdots, x_n][x]$ 中的本原多项式, 从而上述分解也是 $\phi(x)$ 在 $F[x_1, \cdots, x_n][x]$ 中的不可约分解 (参见附录 I 引理 9.10). ■

6.2 模 p 法

利用命题 6.2, 通过模 p, 可以得到首一无重根整系数多项式的伽罗瓦群的有用信息.

设 $f(x)$ 是首一无重根整系数多项式. 由对称多项式的基本定理知判别式 $d(f)$ 是整数. 取素数 p 与 $d(f)$ 互素. 用 $\overline{m}$ 表示整数 m 在自然同态 $\mathbb{Z} \to \mathbb{Z}_p$ 下的像, 用 $\overline{f}(x)$ 表示 $f(x)$ 在自然同态 $\mathbb{Z}[x] \to \mathbb{Z}_p[x]$ 下的像, 则 $\overline{f}(x)$ 的判别式 $d(\overline{f}) = \overline{d(f)} \neq 0$, 从而 $\overline{f}(x)$ 也无重根. 设 $E = \mathbb{Q}(r_1, \cdots, r_n)$ 是 $f(x)$ 在有理数域 $\mathbb{Q}$ 上的分裂域, 其中 $r_1, \cdots, r_n$ 是 $f(x)$ 的根, $\overline{E} = \mathbb{Z}_p(\alpha_1, \cdots, \alpha_n)$ 是 $\overline{f}(x)$ 在 $\mathbb{Z}_p$ 上的分裂域, 其中 $\alpha_1, \cdots, \alpha_n$ 是 $\overline{f}(x)$ 的根.

引理 6.3 记号同上. 设 $s(r_1, \cdots, r_n)$ 是 $r_1, \cdots, r_n$ 的整系数对称多项式. 则 $s(r_1, \cdots, r_n) \in \mathbb{Z}$, $s(\alpha_1, \cdots, \alpha_n) \in \mathbb{Z}_p$, 且 $s(\alpha_1, \cdots, \alpha_n) = \overline{s(r_1, \cdots, r_n)}$.

证明 设 $f(x) = x^n - a_1 x^{n-1} + \cdots + (-1)^n a_n \in \mathbb{Z}[x]$. 则 $\overline{f}(x) = x^n - \overline{a_1} x^{n-1} + \cdots + (-1)^n \overline{a_n}$, 且对于 $1 \leq i \leq n$ 有

$$\sum_{j_1 < \cdots < j_i} r_{j_1} \cdots r_{j_i} = a_i, \qquad \sum_{j_1 < \cdots < j_i} \alpha_{j_1} \cdots \alpha_{j_i} = \overline{a_i}.$$

由对称多项式的基本定理 (参见附录 I 定理 9.8) 知 $s(r_1, \cdots, r_n)$ 可表成 $a_1, \cdots, a_n$ 的整系数多项式 $g(a_1, \cdots, a_n)$. 从而 $s(r_1, \cdots, r_n) \in \mathbb{Z}$.

在恒等式 $s(r_1, \cdots, r_n) = g(a_1, \cdots, a_n) = g(r_1 + \cdots + r_n, \cdots, r_1 \cdots r_n)$ 中将 $r_1, \cdots, r_n$ 分别换成 $\alpha_1, \cdots, \alpha_n$ 即得

$$s(\alpha_1, \cdots, \alpha_n) = g(\overline{a_1}, \cdots, \overline{a_n}) = \overline{g(a_1, \cdots, a_n)} = \overline{s(r_1, \cdots, r_n)}. \quad \blacksquare$$

对 $E/\mathbb{Q}$ 和 $\overline{E}/\mathbb{Z}_p$ 应用命题 6.2. 令 $K = \mathbb{Q}(x_1, \cdots, x_n)$, $L = E(x_1, \cdots, x_n)$. 记号 θ, π, $\pi\theta, \phi(x)$, $\phi_\pi(x), \phi_1(x)$ 的定义如命题 6.2 之前. 由该命题知 $\phi(x), \phi_\pi(x), \phi_1(x) \in Q[x_1, \cdots, x_n]$.

平行地, 令 $\overline{K} = \mathbb{Z}_p(x_1, \cdots, x_n)$, $\overline{L} = \overline{E}(x_1, \cdots, x_n)$, $\overline{\theta} := \alpha_1 x_1 + \cdots + \alpha_n x_n \in \overline{L}$. 对 $\pi \in S_n$, 定义 $\pi\overline{\theta} := \alpha_{\pi(1)} x_1 + \cdots + \alpha_{\pi(n)} x_n \in \overline{L}$. 令

$$\psi(x) := \prod_{\pi \in S_n} (x - \pi\overline{\theta}) \in \overline{L}[x], \quad \psi_\pi(x) := \prod_{\sigma \in G_{\overline{f}}} (x - \sigma\pi\overline{\theta}) \in \overline{L}[x],$$

其中 $G_{\overline{f}} = \mathrm{Gal}(\overline{E}/\mathbb{Z}_p) = \mathrm{Gal}(\overline{L}/\overline{K})$. 特别地, 记 $\psi_1(x) = \psi_{(1)}(x) = \prod_{\sigma \in G_{\overline{f}}} (x - \sigma\overline{\theta})$. 由命题 6.2 知 $\psi(x)$, $\psi_\pi(x) \in \mathbb{Z}_p[x_1, \cdots, x_n, x]$.

用 $\overline{g}(x)$ 表示 $g(x) \in \mathbb{Z}[x_1, \cdots, x_n, x]$ 在自然同态 $\mathbb{Z}[x_1, \cdots, x_n, x] \to \mathbb{Z}_p[x_1, \cdots, x_n, x]$ 下的像.

引理 6.4 记号同上. 则有

(i) $\phi(x) \in \mathbb{Z}[x_1, \cdots, x_n, x]$;

(ii) $\phi_\pi(x) \in \mathbb{Z}[x_1, \cdots, x_n, x]$, $\forall\, \pi \in S_n$;

(iii) $\overline{\phi}_1(x) = \prod_{\sigma \in G_f} (x - \sigma\overline{\theta}) \in \mathbb{Z}_p[x_1, \cdots, x_n, x]$ (注意与 $\psi_1(x)$ 的区别).

证明 (i) 将 $\phi(x)$ 写成

$$\phi(x) = x^{n!} + \sum_{1 \leq i \leq n!} (-1)^i \sum_l s_{l,i}(r_1, \cdots, r_n)\, x_1^{l_1} \cdots x_n^{l_n}\, x^{n!-i},$$

其中 $l = (l_1, \cdots, l_n)$ 遍历 $\mathbb{N}_0^n$ 使得 $l_1 + \cdots + l_n = i$. 由 $\phi(x)$ 的构造知 $s_{l,i}(r_1, \cdots, r_n)$ 是 $r_1, \cdots, r_n$ 的整系数对称多项式, 从而 $s_{l,i}(r_1, \cdots, r_n) \in \mathbb{Z}$. 于是 $\phi(x) \in \mathbb{Z}[x_1, \cdots, x_n, x]$.

(ii) 取 $S_n = \bigcup_{1 \le i \le m} G_f \, \pi_i$ 是 S_n 关于 G_f 的右陪集分解. 由命题 6.2 (iii) 知 $\phi(x) = \prod_{1 \le i \le m} \phi_{\pi_i}(x)$ 是 $\phi(x)$ 在 $\mathbb{Q}(x_1, \cdots, x_n)[x]$ 中的不可约分解. 另一方面, $\mathbb{Z}[x_1, \cdots, x_n][x]$ 是唯一因子分解环, 将 $\phi(x)$ 分解成 $\mathbb{Z}[x_1, \cdots, x_n][x]$ 中不可约多项式的乘积 $\phi(x) = g_1(x) \cdots g_s(x)$. 因 $\phi(x)$ 首一, 故每个 $g_i(x)$ 均是本原多项式. 因 $\mathbb{Q}(x_1, \cdots, x_n)$ 是 $\mathbb{Z}[x_1, \cdots, x_n]$ 的商域, 由附录 I 引理 9.10 知 $g_i(x)$ 也在 $\mathbb{Q}(x_1, \cdots, x_n)[x]$ 中不可约. 又因 $\phi_{\pi_i}(x)$ 首一, 比较这两种分解即知 $\phi_{\pi_i}(x) \in \mathbb{Z}[x_1, \cdots, x_n][x]$. 而 $\phi_\pi(x)$ 等于某一 $\phi_{\pi_i}(x)$, 由此即得 $\phi_\pi(x) \in \mathbb{Z}[x_1, \cdots, x_n, x]$.

(iii) 设 $\phi_1(x) = x^{|G_f|} + \sum_{1 \le i \le |G_f|} \sum_l a_{l,i} \, x_1^{l_1} \cdots x_n^{l_n} \, x^{|G_f|-i}$, 其中 $a_{l,i} \in \mathbb{Z}$, $l = (l_1, \cdots, l_n)$ 遍历 $\mathbb{N}_0^n$ 使得 $l_1 + \cdots + l_n = i$. 因为 p 与整数 $d(f)$ 互素, 故有整数 s 和 t 使得整数 $a_{l,i}$ 可以写成 $a_{l,i} = sp + td(f)$; 又因为 $d(f)$ 是 $r_1, \cdots, r_n$ 的整系数对称多项式, 故 $a_{l,i}$ 就可以写成 $r_1, \cdots, r_n$ 的整系数对称多项式 $v_{l,i}(r_1, \cdots, r_n)$, 即有

$$\prod_{\sigma \in G_f} (x - (r_{\sigma(1)} x_1 + \cdots + r_{\sigma(n)} x_n)) = \phi_1(x)$$
$$= x^{|G_f|} + \sum_{1 \le i \le |G_f|} \sum_l v_{l,i}(r_1, \cdots, r_n) \, x_1^{l_1} \cdots x_n^{l_n} \, x^{|G_f|-i}.$$

于是

$$\prod_{\sigma \in G_f} (x - \sigma\overline{\theta}) = \prod_{\sigma \in G_f} (x - (\alpha_{\sigma(1)} x_1 + \cdots + \alpha_{\sigma(n)} x_n))$$
$$= x^{|G_f|} + \sum_{1 \le i \le |G_f|} \sum_l v_{l,i}(\alpha_1, \cdots, \alpha_n) \, x_1^{l_1} \cdots x_n^{l_n} \, x^{|G_f|-i}.$$

从而由引理 6.3 知

$$\overline{\phi}_1(x) = x^{|G_f|} + \sum_{1 \le i \le |G_f|} \sum_l \overline{v_{l,i}(r_1, \cdots, r_n)} x_1^{l_1} \cdots x_n^{l_n} x^{|G_f|-i}$$
$$= x^{|G_f|} + \sum_{1 \le i \le |G_f|} \sum_l v_{l,i}(\alpha_1, \cdots, \alpha_n) x_1^{l_1} \cdots x_n^{l_n} x^{|G_f|-i}$$
$$= \prod_{\sigma \in G_f} (x - \sigma\overline{\theta}). \qquad \blacksquare$$

由定理 3.1 (i) 知 $\mathrm{Gal}(L/K)$ 和 $\mathrm{Gal}(\overline{L}/\overline{K})$ 均是 S_n 的子群. 本节的主要定理如下.

定理 6.5 设 $f(x)$ 是首一无重根整系数多项式, p 是与判别式 $d(f)$ 互素的素数, $\overline{f}(x)$ 表示 $f(x)$ 在自然同态 $\mathbb{Z}[x] \to \mathbb{Z}_p[x]$ 下的像. 则 $\mathrm{Gal}(\overline{f}(x), \mathbb{Z}_p)$ 是 $\mathrm{Gal}(f(x), \mathbb{Q})$ 的子群.

证明 设 $\pi \in \mathrm{Gal}(\overline{f}(x), \mathbb{Z}_p) = \mathrm{Gal}(\overline{L}/\overline{K})$. 对 $\overline{L}/\overline{K}$ 应用命题 6.2 (i) 和 (ii) 知 $\overline{\theta}$ 和 $\pi\overline{\theta}$ 在 $\overline{K}$ 上具有相同的极小多项式 $\psi_1(x)$. 由引理 6.4 (iii) 知 $\overline{\phi}_1(\overline{\theta}) = 0$, 故 $\psi_1(x)|\overline{\phi}_1(x)$, 从而 $\overline{\phi}_1(\pi\overline{\theta}) = 0$. 再由引理 6.4 (iii) 知 $\pi\overline{\theta} = \sigma\overline{\theta}$, 其中 $\sigma \in G_f$. 于是 $\pi = \sigma \in G_f = \mathrm{Gal}(f(x), \mathbb{Q})$. ∎

6.3 对称群

我们来看定理 6.5 的一个应用. 我们需要如下两个引理.

引理 6.6 设 G 是 n 个文字上的可迁置换群, $n \geq 2$. 如果 G 包含一个对换和一个 $(n-1)$-轮换, 则 $G = S_n$.

证明 不妨设 $\sigma = (1\ 2\ \cdots\ n-1)$, $(ij) \in G$. 由假设存在 $\tau \in G$ 使得 $\tau(j) = n$, 则 G 含有对换 $(kn) = \tau(ij)\tau^{-1}$, 其中 $k = \tau(i) \in \{1, \cdots, n-1\}$, 从而 G 含有对换 $(ln) = \sigma^m(kn)\sigma^{-m}$, 其中 $l = \sigma^m(k)$. 当 m 遍历 $1, \cdots, n-1$ 时, l 也遍历 $1, \cdots, n-1$. 因此 G 包含 S_n 的生成元 $(1n), (2n), \cdots, (n-1\ n)$, 从而 $G = S_n$. ∎

引理 6.7 设 $f(x)$ 是有限域 F 上的 n 次不可约多项式. 将 $f(x)$ 的根适当排序, 则 G_f 是由轮换 $(12\cdots n)$ 生成的循环群.

证明 设 r 是 $f(x)$ 的根, $E = F(r)$. 由例 1.6 知 E/F 是有限伽罗瓦扩张, 从而 E 就是 $f(x)$ 在 F 上的分裂域. 因 $[E:F] = [F(r):F] = n$, 故 $G_f = \mathrm{Gal}(E/F)$ 是 n 阶循环群 $\langle\sigma\rangle$. 由定理 3.1 (iii) $G_f = \langle\sigma\rangle$ 又是 S_n 的可迁子群, 因此 σ 只能是 n-轮换. 将 $f(x)$ 的根适当排序可以使得 $\sigma = (12\cdots n)$. ∎

定理 6.8 对整数 $n \geq 2$, 存在无穷多个 n 次首一整系数不可约多项式 $f(x)$ 使得其在 $\mathbb{Q}$ 上的伽罗瓦群是对称群 S_n.

证明 对每一正整数 m 和每一素数 p, p 元域 $\mathbb{Z}_p$ 上总存在 m 次首一不可约多项式. 因此可以取到 n 次首一整系数多项式 $f_1(x)$ 使得 $f_1(x)$ 在自然同态 $\mathbb{Z}[x] \to \mathbb{Z}_2[x]$ 下的像 $f_1(x) \pmod 2$ 是不可约多项式; 再取 $n-1$ 次首一整系数多项式 $f_2(x)$ 使得 $f_2(x) \pmod 3$ 是不可约多项式; 最后取 2 次首一整系数多项式 $f_3(x)$ 使得 $f_3(x) \pmod p$ 是不可约多项式, 这里 p 是大于 $n-3$ 和 3 的素数且使得 $3 | (p+1)$. 令

$$f(x) = -3pf_1(x) + 2pxf_2(x) + (p+1)x(x-1)\cdots(x-n+3)f_3(x) \in \mathbb{Z}[x].$$

则 $f(x)$ 是首一的. 因为 $f(x) \equiv f_1(x) \pmod 2$ 在 $\mathbb{Z}_2$ 上不可约, 从而 $f(x)$ 是 $\mathbb{Z}$ 和 $\mathbb{Q}$ 上的不可约多项式 (否则, $f(x)$ 的首项系数是偶数). 于是 $G_f = \mathrm{Gal}(f(x), \mathbb{Q})$ 是 S_n 的可迁子群.

因为 $f_2(x) \pmod 3$ 在 $\mathbb{Z}_3[x]$ 中不可约, 故 $f(x) \equiv xf_2(x) \pmod 3$ 无重根, 即 3 与 $d(f)$ 互素. 而 $xf_2(x) \pmod 3$ 在 $\mathbb{Z}_3$ 上的伽罗瓦群就是 $f_2(x) \pmod 3$ 在 $\mathbb{Z}_3$ 上的伽罗瓦群, 由引理 6.7 知它由一个 $(n-1)$-轮换生成. 由定理 6.5 知 G_f 含有一个 $(n-1)$-轮换.

因为 $f_3(x) \pmod p$ 在 $\mathbb{Z}_p[x]$ 中不可约, 故 $f(x) \equiv x(x-1)\cdots(x-n+3)f_3(x) \pmod p$ 无重根, 即 p 与 $d(f)$ 互素. 而 $x(x-1)\cdots(x-n+3)f_3(x) \pmod p$ 在 $\mathbb{Z}_p$ 上的伽罗瓦群就是 $f_3(x) \pmod p$ 在 $\mathbb{Z}_p$ 上的伽罗瓦群, 由引理 6.7 知它由一个对换生成. 再由定理 6.5 知 G_f 含有一个对换. 于是由引理 6.6 知 $G_f = S_n$.

在上述构造中 $f(x)$ 的常数项为 $-3pc$, 其中 c 是 $f_1(x)$ 的常数项, p 是形如 $3k-1$ 的素数. 由狄利克雷素数定理 (参见附录 II, 10.5 小节) 知 $3k-1$ 型的素数有无穷多个, 所以这样的 $f(x)$ 有无穷多个. ∎

例 6.9 我们来求 $f(x) = x^6 - 36x^5 + 78x^4 - 108x^3 + 152x^2 - 77x - 15$ 在 $\mathbb{Q}$ 上的伽罗瓦群 G_f. 首先, 易知 $f(x) \equiv x^6 + x + 1 \pmod 2$ 在 $\mathbb{Z}_2$ 上不可约, 因此 $f(x)$ 在 $\mathbb{Q}$ 上不可约, 故 G_f 是 S_6 的可迁子群. 其

次, $f(x) \equiv x(x^5 + 2x + 1) \pmod 3$ 无重根, 其在 $\mathbb{Z}_3$ 上的伽罗瓦群就是 $x^5 + 2x + 1 \pmod 3$ 在 $\mathbb{Z}_3$ 上的伽罗瓦群, 由引理 6.7 知它由一个 5-轮换生成. 因此由定理 6.5 知 G_f 含有一个 5-轮换. 又因为 $f(x) \equiv x(x^5 - x^4 + 3x^3 - 3x^2 + 2x - 2) = x(x-1)(x-2)(x-3)(x^2+2) \pmod 5$ 无重根, 其在 $\mathbb{Z}_5$ 上的伽罗瓦群就是 $x^2 + 2 \pmod 5$ 在 $\mathbb{Z}_5$ 上的伽罗瓦群, 由引理 6.7 知它由一个对换生成. 因此由定理 6.5 知 G_f 含有一个对换. 最后由引理 6.6 知 $G_f = S_6$. ■

习 题

1. 引理 6.1 中可以不要求 $f(x)$ 无重根, 结论仍然成立.

2. 沿用 6.1 中的记号. 设 $\pi \in S_n$. 证明 $L = K(\pi\theta)$, 且 $\pi \in \mathrm{Gal}(L/K)$ 当且仅当 $\phi_\pi(\theta) = 0$.

3. 沿用 6.2 中的记号. 设 $\pi \in S_n$. 证明

   (i) $\overline{\phi}(x) = \psi(x)$;

   (ii) 对 $\overline{f}(x)$, $\overline{E}/\mathbb{Z}_p$, $\overline{L}/\overline{K}$, $\psi(x)$, $\psi_\pi(x)$ 写出命题 6.2;

   (iii) $\overline{\phi}_\pi(x) = \prod\limits_{\sigma \in G_f} (x - \sigma\pi\overline{\theta}) \in \mathbb{Z}_p[x_1, \cdots, x_n, x]$;

   (iv) $\overline{\phi}_\pi(x) | \psi_\pi(x)$.

4. 求 $x^6 + 22x^5 - 9x^4 + 12x^3 - 29x - 15$ 在 $\mathbb{Q}$ 上的伽罗瓦群.

5. 设 F 是有限域, $f(x) = f_1(x) \cdots f_m(x)$, 其中 $f_i(x)$ 是 F 上的 n_i 次不可约多项式, $1 \le i \le m$. 证明: 适当将 $f(x)$ 的根排序, G_f 是由 $(12 \cdots n_1)(n_1 + 1, \cdots, n_1 + n_2) \cdots (n_1 + \cdots + n_{m-1} + 1, \cdots, n)$ 生成的循环群, 其中 $n = n_1 + \cdots + n_m$.

6. 利用上题和定理 6.5 求 $x^4 + 3x^3 - 3x - 2$ 在 $\mathbb{Q}$ 上的伽罗瓦群.

§7. e 和 π 的超越性*

在帮助了数论之前

代数学先从中受益

实数 $e = \lim_{x \to 0}(1 + x)^{\frac{1}{x}}$ 和圆周率 π (圆周长和直径的比值) 是科学技术中两个非常重要的常数. 我国南北朝时期的著名数学家祖冲之 (429—500) 第一次将 π 值计算到小数点后 6 位, 即 3.1415926 到 3.1415927 之间. 这一辉煌成就比欧洲人至少要早一千年. 著名的欧拉公式 $e^{\pi\sqrt{-1}} + 1 = 0$ 建立了 e 和 π 之间的基本联系.

e 和 π 的超越性曾是数学中的大难题. 利用伽罗瓦理论基本定理和复分析, 能够同时解决这两大难题.

7.1 林德曼–魏尔斯特拉斯定理

设 $\mathbb{Q}$ 是有理数域. 若复数 u 是 $\mathbb{Q}$ 上的代数元, 即 u 是某个首一有理系数多项式的根, 则称 u 是代数数; 否则称 u 是超越数. 显然, 有理数是代数数; 实超越数是无理数. 所有代数数组成的集合 A 是复数域 $\mathbb{C}$ 的子域 (事实上, 若 u 和 $v \neq 0$ 是代数数, 则 $u \pm v, uv, \frac{u}{v}$ 均落在 $\mathbb{Q}$ 的代数扩域 $\mathbb{Q}(u, v)$ 中, 因而它们均是代数数).

设 E/F 是域扩张, $u_1, \cdots, u_n \in E$. 称 $u_1, \cdots, u_n$ 在 F 上代数相关, 若存在非零多项式 $f(x) \in F[x_1, \cdots, x_n]$ 使得 $f(u_1, \cdots, u_n) = 0$; 否则, 称 $u_1, \cdots, u_n$ 在 F 上代数无关.

对于任一复数 z, 定义绝对收敛级数 $e^z = 1 + z + \frac{z^2}{2!} + \frac{z^3}{3!} + \cdots$. 则由定义可证 $e^u e^v = e^{u+v}$, $\forall u, v \in \mathbb{C}$. 数 e 和 π 的超越性是如下著名

定理的推论.

定理 7.1 (林德曼–魏尔斯特拉斯)   如果 $u_1, \cdots, u_n$ 是两两不同的代数数, 则 $e^{u_1}, \cdots, e^{u_n}$ 在 $\mathbb{Q}$ 上线性无关.

推论 7.2   (1) 如果 u 是非零的代数数, 则 e^u 是超越数. 特别地, e 是超越数.

(2) π 是超越数.

证明   (1) (反证) 若 e^u 是代数数, 即存在有理数 $c_0, \cdots, c_{m-1}, c_m = 1$ 使得

$$c_0 + c_1 e^u + \cdots + c_m e^{mu} = 0.$$

这意味着 $1 = e^0, e^u, \cdots, e^{mu}$ 在 $\mathbb{Q}$ 上线性相关, 而 $0, u, \cdots, mu$ 是两两不同的代数数. 这与林德曼–魏尔斯特拉斯定理相矛盾!

(2) 由欧拉公式 $e^{\pi\sqrt{-1}} = \cos\pi + \sqrt{-1}\sin\pi = -1$ 和 (1) 知 $\pi\sqrt{-1}$ 是超越数. 又 $\sqrt{-1}$ 是代数数且所有的代数数作成 $\mathbb{C}$ 的子域, 故 π 是超越数. ∎

埃尔米特 (Charles Hermite, 1822—1901) 于 1873 年证明了推论 7.2 (1) 的特殊情形: 若 u 是非零的整数, 则 e^u 是超越数, 从而证明了 e 是超越数. 林德曼 (Carl Louis Ferdinand von Lindemann, 1852 —1939) 发展了埃尔米特的方法, 于 1882 年得到推论 7.2, 从而证明了 π 是超越数. 魏尔斯特拉斯 (Karl Theodor Wilhelm Weierstrass, 1815—1897) 在 70 岁时证明了下述林德曼–魏尔斯特拉斯定理的等价形式, 通常被称为埃尔米特–林德曼–魏尔斯特拉斯定理. 魏尔斯特拉斯被誉为 "现代分析之父".

命题 7.3   下面三个结论等价:

(1) 林德曼–魏尔斯特拉斯定理;

(2) 广义林德曼–魏尔斯特拉斯定理: 如果 $u_1, \cdots, u_n$ 是两两不同的代数数, 则 $e^{u_1}, \cdots, e^{u_n}$ 在 A 上线性无关, 其中 A 是所有的代数数作成的域;

(3) 埃尔米特–林德曼–魏尔斯特拉斯定理: 如果 $u_1, \cdots, u_n$ 是 $\mathbb{Q}$-线性无关的代数数, 则 $e^{u_1}, \cdots, e^{u_n}$ 在 A 上代数无关.

为了不影响主线, 我们将此命题的证明作为有详细提示的习题.

7.2 证明

我们先将定理 7.1 证明的纯代数部分作为引理.

引理 7.4 设 $u_1, \cdots, u_n$ 是两两不同的代数数, K 是 $\mathbb{Q}(u_1, \cdots, u_n)$ 的最小正规扩张, $\mathrm{Gal}(K/\mathbb{Q}) = \{\sigma_1 = 1, \sigma_2, \cdots, \sigma_m\}$. 假设 $e^{u_1}, \cdots, e^{u_n}$ 在 $\mathbb{Q}$ 上线性相关. 则存在 K 中两两不同的非零的代数数 $w_1, \cdots, w_r$ 和整数 $c_0 \neq 0,\ c_1, \cdots, c_r,$ 使得

$$c_0 + c_1 e^{\sigma_i(w_1)} + \cdots + c_r e^{\sigma_i(w_r)} = 0, \quad 1 \leq i \leq m.$$

证明 注意到 K 恰是 $f_1(x) \cdots f_n(x)$ 在 $\mathbb{Q}$ 上的分裂域且 K 中元均为代数数, 其中 $f_i(x)$ 是 u_i 在 $\mathbb{Q}$ 上的极小多项式. 由假设知存在不全为 0 的有理数 a_j 使得 $\sum_{1 \leq j \leq n} a_j e^{u_j} = 0$. 不妨设 a_j 均为整数且全不为 0. 注意每个 $\sigma_k(u_j)$ 均为代数数. 将乘积 $\prod_{1 \leq k \leq m}(\sum_{1 \leq j \leq n} a_j e^{\sigma_k(u_j)})$ 写成 $\sum_{0 \leq k \leq r} c_k e^{v_k}$ 的形式, 其中 $v_0, v_1, \cdots, v_r$ 是 K 中两两不同的元, $c_k \in \mathbb{Z}$, 则至少有一 c_k 非零 (参见本节习题 2). 不妨设 $c_0 \neq 0$. 因 $\sigma_1 = 1,\ \sum_{1 \leq j \leq n} a_j e^{u_j} = 0$, 故

$$0 = \prod_{1 \leq k \leq m}\left(\sum_{1 \leq j \leq n} a_j e^{\sigma_k(u_j)} \right) = \sum_{0 \leq k \leq r} c_k e^{v_k}.$$

(由此看出 $r \neq 0$.)

对于任一 $\sigma \in \mathrm{Gal}(K/\mathbb{Q})$, $\prod_{1 \leq k \leq m}(\sum_{1 \leq j \leq n} a_j e^{\sigma\sigma_k(u_j)})$ 只是将乘积 $\prod_{1 \leq k \leq m}(\sum_{1 \leq j \leq n} a_j e^{\sigma_k(u_j)})$ 的因子作个置换, 因此

$$0 = \prod_{1 \leq k \leq m}\left(\sum_{1 \leq j \leq n} a_j e^{\sigma\sigma_k(u_j)} \right) = \sum_{0 \leq k \leq r} c_k e^{\sigma(v_k)}.$$

两边同乘 $e^{-\sigma(v_0)}$ 得到

$$c_0 + c_1 e^{\sigma(w_1)} + \cdots + c_r e^{\sigma(w_r)} = 0,$$

其中 $w_k = v_k - v_0$, $1 \le k \le r$ 是 K 中两两不同的元, 且均非零. ∎

定理 7.1 的证明. 设 $f(x) \in \mathbb{Q}[x]$. 定义 $F(x) = \sum_{i=0}^{\infty} f^{(i)}(x)$, 其中 $f^{(i)}(x)$ 是 $f(x)$ 的 i 阶导数. 因 $f(x)$ 是多项式, 故此和是有限和, 且 $F(x) - F'(x) = f(x)$, 从而

$$\frac{d}{dx}(e^{-x}F(x)) = -e^{-x}f(x).$$

于是

$$\int_0^a e^{-x}f(x)dx = F(0) - e^{-a}F(a),$$

即

$$F(a) - e^a F(0) = -e^a \int_0^a e^{-x}f(x)dx. \tag{7.1}$$

(反证) 现在假设定理 7.1 不成立. 则由引理 7.4 知存在两两不同的非零的代数数 $w_1, \cdots, w_r \in K$ 和整数 $c_0 \ne 0$, $c_1, \cdots, c_r$, 使得

$$c_0 + c_1 e^{\sigma_i(w_1)} + \cdots + c_r e^{\sigma_i(w_r)} = 0, \quad 1 \le i \le m, \tag{7.2}$$

其中 K 是 $\mathbb{Q}(u_1, \cdots, u_n)$ 的最小正规扩张, $\mathrm{Gal}(K/\mathbb{Q}) = \{\sigma_1 = 1, \sigma_2, \cdots, \sigma_m\}$. 对固定的 j 和任意 i, 多项式 $\prod_{1 \le i \le m}(x - \sigma_i(w_j))$ 的系数在 $\mathrm{Gal}(K/\mathbb{Q})$ 的作用下不变, 由伽罗瓦理论基本定理知此多项式的系数属于 $\mathbb{Q}$, 乘以适当的整数我们得到 m 次整系数多项式 $g_j(x)$ 满足: $\sigma_i(w_j)$ 是其根, $g_j(0) \ne 0$. 记 $g_j(x)$ 的首项系数为 b_j. 取 p 是素数且 $p > \max\{b_j, g_j(0) \mid 1 \le j \le r\}$. 令

$$f(x) = \frac{(b_1 \cdots b_r)^{prm}}{(p-1)!} x^{p-1} \left(\prod_{1 \le j \le r} g_j(x) \right)^p.$$

则

$$0 = f(0) = f'(0) = \cdots = f^{(p-2)}(0),$$

且由莱布尼茨法则知

$$f^{(p-1)}(0) = (b_1 \cdots b_r)^{prm} \prod_{1 \le j \le r} g_j(0)^p \ne 0.$$

由 p 的取法知 $p \nmid f^{(p-1)}(0)$. 当 $t \ge p$ 时, 将 $f(x)$ 写成 $f(x) = \frac{(b_1 \cdots b_r)^{prm}}{(p-1)!}(a_{prm}x^{prm} + \cdots + a_t x^t + \cdots)$. 对于任意 $s \ge t \ge p$, 有 $p! \mid s(s-1) \cdots (s-t+1)$. 由此可见 $f^{(t)}(x)$ 形如

$$f^{(t)}(x) = p(b_1 \cdots b_r)^{prm} h_t(x),$$

其中 $h_t(x) \in \mathbb{Z}[x]$. 从而 $p \mid f^{(t)}(0)$. 于是

$$F(0) = f^{(p-1)}(0) + \sum_{t \ge p} f^{(t)}(0)$$

不能被 p 整除.

在 (7.1) 中令 $a = \sigma_i(w_j)$, 两边同乘 c_j, 并对 i 和 j 求和得到

$$\sum_{j=1}^{r}\sum_{i=1}^{m} c_j F(\sigma_i(w_j)) - F(0)\sum_{j=1}^{r}\sum_{i=1}^{m} c_j e^{\sigma_i(w_j)}$$
$$= -\sum_{j=1}^{r}\sum_{i=1}^{m} c_j e^{\sigma_i(w_j)} \int_0^{\sigma_i(w_j)} e^{-z} f(z) dz.$$

利用 (7.2) 将上式改写成

$$mc_0 F(0) + \sum_{j=1}^{r} c_j \sum_{i=1}^{m} F(\sigma_i(w_j)) = -\sum_{j=1}^{r}\sum_{i=1}^{m} c_j e^{\sigma_i(w_j)} \int_0^{\sigma_i(w_j)} e^{-z} f(z) dz. \tag{7.3}$$

进一步取 $p > m$, $p > c_0$, 则 $p \nmid mc_0 F(0)$.

我们断言: $\sum_{j=1}^{r} c_j \sum_{i=1}^{m} F(\sigma_i(w_j))$ 是整数且能被 p 整除. 事实上,

$$\sum_{i=1}^{m} F(\sigma_i(w_j)) = \sum_{k}\sum_{i=1}^{m} f^{(k)}(\sigma_i(w_j)). \tag{7.4}$$

因为 $g_j(x)^p \mid f(x)$, 且 $\sigma_i(w_j)$ 是 $g_j(x)$, $1 \le i \le m$ 的根, 故

$$0 = f(\sigma_i(w_j)) = f'(\sigma_i(w_j)) = \cdots = f^{(p-1)}(\sigma_i(w_j)).$$

当 $t \geq p$ 时, 因为 $f^{(t)}(x) = p(b_1 \cdots b_r)^{prm} h_t(x)$, 故

$$\sum_{i=1}^{m} f^{(t)}(\sigma_i(w_j)) = p(b_1 \cdots b_r)^{prm} \sum_{i=1}^{m} h_t(\sigma_i(w_j)). \tag{7.5}$$

上述等式右边的和在 Gal($K/\mathbb{Q}$) 的作用下不变, 因此由伽罗瓦理论基本定理知它是有理数. 令 $h(x_1, \cdots, x_n) := \sum_{i=1}^{m} h_t(x_i)$. 则 $h(x_1, \cdots, x_n)$ 是 $x_1, \cdots, x_m$ 的对称多项式, 次数为 $prm + p - 1 - t \leq prm - 1$; 而 $\sigma_1(w_j), \cdots, \sigma_m(w_j)$ 是 m 次整系数多项式 $g_j(x)$ 的根 (其首项系数为 b_j), 应用本节习题 4 即知 $(b_1 \cdots b_r)^{prm} \sum_{i=1}^{m} h_t(\sigma_i(w_j))$ 是一整数, $\forall\, 1 \leq j \leq r$. 从而 (7.5) 的右边是一整数且能被 p 整除. 再由 (7.4) 即知断言成立.

我们证明了: (7.3) 的左边的第一项不能被 p 整除, 第二项能被 p 整除. 因而 (7.3) 的左边是一非零整数. 下面再来估计 (7.3) 的右边, 希望得到矛盾. 令

$m_1 = \max\{|c_j| \mid 1 \leq j \leq r\}$,

$m_2 = \max\{|e^{\sigma_i(w_j)}| \mid 1 \leq i \leq m,\ 1 \leq j \leq r\}$,

$m_3 = \max\{|\sigma_i(w_j)| \mid 1 \leq i \leq m,\ 1 \leq j \leq r\}$,

$m_4 = \max\{|e^{-z}| \mid z = s\sigma_i(w_j),\ 0 \leq s \leq 1,\ 1 \leq i \leq m,\ 1 \leq j \leq r\}$,

$m_5 = \max\{\prod_{j=1}^{r} |g_j(z)| \mid z = s\sigma_i(w_j),\ 0 \leq s \leq 1,\ 1 \leq i \leq m,\ 1 \leq j \leq r\}$.

在 0 到 $\sigma_i(w_j)$ 的线段上, 有 $|z^{p-1}| \leq m_3^{p-1}$. 从而

$$\left| \int_0^{\sigma_i(w_j)} e^{-z} f(z) dz \right| \leq m_3 m_4 \frac{(b_1 \cdots b_r)^{prm}}{(p-1)!} m_3^{p-1} m_5^p$$

$$= m_4 \frac{(b_1 \cdots b_r)^{prm}}{(p-1)!} m_3^p m_5^p.$$

于是

$$1 \leq \left| \sum_{j=1}^{r} \sum_{i=1}^{m} c_j e^{\sigma_i(w_j)} \int_0^{\sigma_i(w_j)} e^{-z} f(z) dz \right|$$

$$\leq rmm_1m_2\left(m_4\frac{(b_1\cdots b_r)^{prm}}{(p-1)!}m_3^pm_5^p\right)$$
$$= rmm_1m_2m_4\frac{((b_1\cdots b_r)^{rm}m_3m_5)^p}{(p-1)!}.$$

对任意整数 u, 因为 $\lim\limits_{p\to\infty}\frac{u^p}{(p-1)!}=0$, 故当 p 足够大时, 上式最后一项可以任意小. 矛盾!

至此, 定理 7.1 证完. ■

7.3 公开问题

下述问题仍未解决: π 是否在 $\mathbb{Q}(e)$ 上超越? 这等价于问: e 是否在 $\mathbb{Q}(\pi)$ 上超越? 这也等价于问: π 和 e 是否在 $\mathbb{Q}$ 上代数无关? 参见习题 7.

埃尔米特–林德曼–魏尔斯特拉斯定理的可能推广是如下著名的 Schanuel 猜想: 如果 $u_1,\cdots,u_n$ 是 $\mathbb{Q}$-线性无关的复数, 则 $u_1,\cdots,u_n$, $e^{u_1},\cdots,e^{u_n}$ 中至少有 n 个数在 $\mathbb{Q}$ 上代数无关. 如果 Schanuel 猜想成立, 则上述问题有肯定的回答 (留作习题 8).

习 题

1. (复数域上的字典序) 设有复数 $x=a+bi$, $y=c+di$, 其中 a,b,c,d 均为实数. 如果 $a>c$, 或者 $a=c$ 且 $b>d$, 则定义 $x>y$. 证明

   (1) 对于任意两个复数 x,y, 或者 $x>y$, 或者 $x=y$, 或者 $y>x$;

   (2) 若 $x>y$, $z>t$, 则 $x+z>y+t$.

2. 设有两个函数 $\sum_{1\leq i\leq s}a_ix^{u_i}$, $\sum_{1\leq j\leq t}b_jx^{v_j}$, 其中每个复数 a_i 与 b_j 均非零, $u_1,\cdots,u_s$ 是两两不同的复数, $v_1,\cdots,v_t$ 是两两不同的复数. 将积 $(\sum_{1\leq i\leq s}a_ix^{u_i})\cdot(\sum_{1\leq j\leq t}b_jx^{v_j})$ 写成 $\sum c_kx^{w_k}$ 的形式, 其中 w_k 两两不同. 利用上题证明: 至少有一 c_k 非零.

3. 证明命题 7.3.

   (提示: (1) $\Longrightarrow$ (2): 反证; 利用引理 7.4 中的方法; 并且利用伽罗瓦理论基本定理.

(2) $\Longrightarrow$ (3): 给定 r 个两两不同的非负整数序列 $(k_{1i}, k_{2i}, \cdots, k_{ni})$, 相应的 r 个线性组合 $k_{1i}u_1 + k_{2i}u_2 + \cdots + k_{ni}u_n$ 是两两不同的代数数. 由广义林德曼–魏尔斯特拉斯定理知: 相应的 r 个复数

$$e^{k_{1i}u_1 + k_{2i}u_2 + \cdots + k_{ni}u_n} = (e^{u_1})^{k_{1i}} (e^{u_2})^{k_{2i}} \cdots (e^{u_n})^{k_{ni}}$$

在 A 上线性无关. 即意味着 $e^{u_1}, \cdots, e^{u_n}$ 在 A 上代数无关.

(3) $\Longrightarrow$ (1): 反证; 若存在两两不同的代数数 $u_1, \cdots, u_n$, 且存在不全为零的有理数 $b_1, \cdots, b_n$, 使得 $\sum\limits_{1 \le i \le n} b_i e^{u_i} = 0$, 则存在 $\mathbb{Q}$-线性无关元 $v_1, \cdots, v_r$, 使得 $u_i = \sum a_{ij} v_j$, $a_{ij} \in \mathbb{Z}$. 由此导出 $e^{v_1}, \cdots, e^{v_r}$ 在 $\mathbb{Q}$ 上线性相关.)

4. 设 $g(x) = a_m x^m + \cdots + a_0 \in \mathbb{Z}[x]$, $\beta_1, \cdots, \beta_m$ 是其根. 设 $h(x_1, \cdots, x_m)$ 是 $x_1, \cdots, x_m$ 的整系数对称多项式, 其次数为 s. 利用对称多项式基本定理证明: $a_m^s h(\beta_1, \cdots, \beta_m)$ 是整数.

5. 设 u 是非零的代数数. 利用 e^{iu} 的超越性和 $\sin u = \frac{1}{2i}(e^{iu} - e^{-iu})$ 证明 $\sin u$ 和 $\cos u$ 是超越数.

6. 设 u 是非零的代数数. 证明 $\tan u$, $\cot u$, $\sec u$, $\csc u$ 均是超越数.

7. 复数 a 和 b 在 $\mathbb{Q}$ 上代数无关当且仅当 a 在 $\mathbb{Q}(b)$ 上超越; 当且仅当 b 在 $\mathbb{Q}(a)$ 上超越.

8. 如果 Schanuel 猜想成立, 则 π 和 e 在 $\mathbb{Q}$ 上代数无关.

§8. 尺规作图问题*

问题本无域

解决须望远

平面几何中的尺规作图问题, 自古希腊时代就开始流传, 直到 19 世纪 30 年代域论出现后才得以解决. 本节我们将这一几何问题先公理化, 再用域论的方法给出其一般的解答; 最后作为应用, 解决尺规作图的四大古代难题: 三等分任意角、立方倍积、化圆为方和正 n 边形的作图.

8.1 几何定义与代数描述

以下所有的讨论均在给定的平面上, 不再每次声明.

所谓尺规作图问题, 就是仅仅使用一个无刻度的直尺和一个圆规 (当然还有纸和笔), 从两个不同的点出发, 能够作出哪些几何图形? 几何图形均可归结为点: 直线由其上两个不同的点决定; 角由其顶点和两条边上各取一点决定; 圆由圆心和圆周上一个点决定; n 边形由其 n 个顶点决定. 因此, 尺规作图问题就是: 从两个不同的点出发, 仅用尺规能作出哪些新的点? 或者, 将问题提得更广一点 (但本质上相同): 已知有限个点 $P_1, \cdots, P_n$, 仅用尺规能作出哪些新的点?

以下将 "仅用尺规能作出的点" 简称为 "可构点". 首先, 我们必须明确可构点的几何含义.

定义 8.1 设 $S_1 = \{P_1, \cdots, P_n\}$ 是给定的一个有限点集, $n \geq 2$. 归纳地定义点集 S_m 如下, $m = 2, \cdots$. 当 $r \geq 1$ 时, 定义 S_{r+1} 是 S_r 与下

述点集之并:

(1) 过 S_r 中任意两个不同点做直线, 所有这些直线的交点作成的集合;

(2) 以 S_r 中的点为圆心、以 S_r 中任意两点之间的距离为半径画圆, 所有这些圆与 (1) 中所有直线的交点作成的集合;

(3) (2) 中所有的圆的交点作成的集合.

令 $C(P_1, \cdots, P_n) = \bigcup_{r=1}^{\infty} S_r$. 如果 $P \in C(P_1, \cdots, P_n)$, 则称 P 是从点 $P_1, \cdots, P_n$ 出发的可构点; 否则称 P 是从点 $P_1, \cdots, P_n$ 出发的不可构点.

回顾平面几何中熟知的、仅用尺规就能够进行的基本构作:

i) 给定直线 l 和点 $x \notin l$, 作过 x 且与 l 垂直的直线;

ii) 给定两个不同的点 O 和 A, 作以 O 为坐标原点、以 OA 为 X 轴、以 OA 的长为 1 的直角坐标系;

iii) 给定直线 l 和点 $x \in l$, 作过 x 且与 l 垂直的直线;

iv) 给定直线 l 和点 $x \notin l$, 作过 x 且与 l 平行的直线;

v) 作已知两点的中点;

vi) 作已知两个角的和与差;

vii) 作已知角的半角.

笛卡儿 (René Descartes, 1596—1650) 引入直角坐标系, 建立了几何与代数的联系. 给定直角坐标系以后 (指给定了单位长度 1 和交于坐标原点 O 的 X 轴和 Y 轴. 如上 ii) 所述, 这是仅用尺规可构的), 通过典范对应 $P = (x, y) \mapsto z = x + yi$, 就在平面和复数集 $\mathbb{C}$ 之间建立了一一对应. 设 $z_1 = 0, z_2 = 1, \cdots, z_n$ 是点 $P_1, \cdots, P_n$ 对应的复数, $C(z_1, \cdots, z_n)$ 是点集 $C(P_1, \cdots, P_n)$ 对应的复数集. 则上述问题转化成: $C(z_1, \cdots, z_n)$ 恰好是由哪些复数组成? 这些复数我们称之为由 $z_1, \cdots, z_n$ 出发的可构数. 换言之, 哪些复数恰是由 $z_1 = 0, z_2 = 1, \cdots, z_n$ 出发的可构数?

首先, 注意到复数 $z = x + yi = re^{i\theta}$ 可构当且仅当实数 x 和 y 可

构; 当且仅当其共轭复数 $\bar{z} = x - yi$ 可构; 当且仅当 r 和角 θ 可构.
有了直角坐标系以后, 就可作出点 $(m, 0)$ 和 $(0, m)$, 其中 m 为任意正
整数; 接着就可做出点 $(\frac{1}{m}, 0)$: 首先可作出点 $(0, m)$ 和 $(1, 0)$; 再过点
$(0, 1)$ 作 $(0, m)$ 和 $(1, 0)$ 的连线的平行线, 交 X 轴于点 P, 则点 P 为
$(\frac{1}{m}, 0)$. 将 P 绕原点旋转 180 度得到 $(-\frac{1}{m}, 0)$. 因而所有的有理数均是
可构数.

已知复数 $z_1 = r_1 e^{i\theta_1}$ 和 $z_2 = r_2 e^{i\theta_2} \neq 0$, 利用平行四边形法则
知道可构 $z_1 \pm z_2$. 已知正数 r_1, r_2, 可构实数 $\frac{r_1}{r_2}$ (特别地, 可构 $\frac{1}{r_2}$):
首先可作出点 $(0, r_2)$ 和 $(r_1, 0)$; 再过点 $(0, 1)$ 作 $(0, r_2)$ 和 $(r_1, 0)$ 的
连线的平行线, 交 X 轴于点 P, 则点 P 为 $(\frac{r_1}{r_2}, 0)$. 进而我们知道可
构 $r_1 r_2 = \frac{r_1}{(\frac{1}{r_2})}$. 因为用尺规能作出任意两个已知角的和与差, 故可构
$z_1 z_2 = r_1 r_2 e^{i(\theta_1 + \theta_2)}$ 和 $\frac{z_1}{z_2} = \frac{r_1}{r_2} e^{i(\theta_1 - \theta_2)}$.

所以, 域 $\mathbb{Q}(z_1, \cdots, z_n, \overline{z_1}, \cdots, \overline{z_n})$ 中的任一复数均是由 $z_1, \cdots, z_n$
出发可构的复数.

已知正数 $r \neq 0$, 可构正数 $\sqrt{r}$: 首先作出原点 O 和点 $(1 + r, 0)$ 的
中点 $M = (\frac{1+r}{2}, 0)$; 以 M 为圆心、以 $\frac{1+r}{2}$ 为半径画圆; 再过点 $(1, 0)$
作 X 轴的垂线交圆于 $(1, r')$, 则 $r' = \sqrt{r}$. 又因用尺规能作出任意角的
半角, 因此, 给定复数 $z = r e^{i\theta}$, 可构复数 $\sqrt{z} = \sqrt{r} e^{i\frac{\theta}{2}}$.

设 $z_1, \cdots, z_n \in \mathbb{C}$, $F = \mathbb{Q}(z_1, \cdots, z_n, \overline{z_1}, \cdots, \overline{z_n})$. 回顾域扩张
$E = F(u_1, u_2, \cdots, u_m)$ 称为 F 的一个平方根塔, 如果 $u_1^2 \in F$, $u_j^2 \in$
$F(u_1, u_2, \cdots, u_{j-1})$, $\forall j \geq 2$.

综上所述: 数域 $\mathbb{Q}(z_1, \cdots, z_n, \overline{z_1}, \cdots, \overline{z_n})$ 的任意一个平方根塔中
的复数均是由 $z_1, \cdots, z_n$ 出发可构的复数.

由平方根塔的定义和望远镜公式立即得到

命题 8.2 设 $z_1, \cdots, z_n \in \mathbb{C}$, $n \geq 0$, $F = \mathbb{Q}(z_1, \cdots, z_n, \overline{z_1}, \cdots, \overline{z_n})$, E
是 F 的一个平方根塔. 则 $[E : F]$ 是 2 的一个方幂.

特别地, 若数域扩张 K/F 的维数 $[K : F]$ 有大于 1 的奇数因子,
则 K 不可能含于 F 的一个平方根塔.

定理 8.3 (可构数判别法 I)   复数 z 是由复数 $z_1, \cdots, z_n$ 出发可构的复数当且仅当 z 属于 $F = \mathbb{Q}(z_1, \cdots, z_n, \overline{z_1}, \cdots, \overline{z_n})$ 的一个平方根塔.

证明   由上述讨论只要证明必要性. 以下将定义 8.1 中点集 S_r 等同于 S_r 对应的复数集. 设 z 是由 $z_1, \cdots, z_n$ 出发可构的复数. 由定义 8.1 知存在正整数 r 使得 $z \in S_r$. 因而只要对 r 用数学归纳法证明如下断言: S_r 中的任一复数必属于 F 的某个平方根塔.

首先注意到若 $E = F(u_1, \cdots, u_l)$ 是 F 的平方根塔, 则 $E(i)$ 和 $F(u_1, \overline{u_1}, \cdots, u_n, \overline{u_n})$ 也是 F 的平方根塔. 因此以下不妨设 F 的平方根塔均包含 $i = \sqrt{-1}$, 且对于求共轭复数封闭. 这样若复数 z (或点 z) 属于 F 的一个平方根塔, 则其实部和虚部 (或点 z 的坐标) 均属于 F 的这个平方根塔.

显然 $S_1 = \{z_1, \cdots, z_n\} \subseteq F$, 故断言对 $r = 1$ 成立. 假设断言对于 r 成立, $r \geq 1$. 我们来证明: S_{r+1} 中的任一复数 $z = a + bi \in S_{r+1}$ 也属于 F 的某个平方根塔. 根据定义 8.1 只要考虑如下三种情况.

(i) z 是直线

$$a_1 x + b_1 y + c_1 = 0 \tag{1}$$

和直线

$$a_2 x + b_2 y + c_2 = 0 \tag{2}$$

的交点, 其中直线 (1) 是过点 A 和 B 的直线, A 和 B 是 S_r 中的点. 因此由归纳假设 A 和 B 分别属于 F 的平方根塔 $F(u_1, \cdots, u_l)$ 和 $F(u_1', \cdots, u_m')$, 且 A 的坐标属于 $F(u_1, \cdots, u_l)$, B 的坐标属于 $F(u_1', \cdots, u_m')$. 注意到系数 a_1, b_1, c_1 是 A 和 B 的坐标的有理分式, 因此它们属于 F 的平方根塔 $F(u_1, \cdots, u_l, u_1', \cdots, u_m')$. 同理, (2) 中的系数 a_2, b_2, c_2 属于 F 的平方根塔 $F(v_1, \cdots, v_s, v_1', \cdots, v_t')$. 于是 $a_1, b_1, c_1, a_2, b_2, c_2$ 均属于 F 的平方根塔

$$E = F(u_1, \cdots, u_l, u_1', \cdots, u_m', v_1, \cdots, v_s, v_1', \cdots, v_t').$$

因此 (1) 和 (2) 交点 z 的坐标 a, b, 从而 z 本身, 均属于 F 的平方根塔 E.

(ii) z 是直线 (1) 和圆

$$x^2 + y^2 + dx + ey + f = 0 \tag{3}$$

的交点, 其中 (3) 是以 S_r 中的点为圆心、以 S_r 中的两点距离为半径的圆. 从而系数 d, e, f 是 S_r 中这三点的坐标的多项式, 因而由归纳假设它们均属于 F 的某个平方根塔 K. 简单的计算即知交点 z 的坐标 a, b, 从而 z 本身, 均属于 $K(u_1, \cdots, u_l, u_1', \cdots, u_m', \sqrt{u})$, 其中 $u_1, \cdots, u_l, u_1', \cdots, u_m'$ 如同情形 (i), $u \in K(u_1, \cdots, u_l, u_1', \cdots, u_m')$. 因 K 是 F 的一个平方根塔, 故 $K(u_1, \cdots, u_l, u_1', \cdots, u_m', \sqrt{u})$ 也是 F 的一个平方根塔.

(iii) z 是圆 (3) 和圆

$$x^2 + y^2 + d'x + e'y + f' = 0 \tag{4}$$

的交点, 其中 (4) 也是以 S_r 中的点为圆心、以 S_r 中的两点距离为半径的圆. 从而系数 d', e', f' 也是 S_r 中的点的坐标的多项式, 因而由归纳假设它们也属于 F 的某个平方根塔 $K' = F(w_1, \cdots, w_{m'})$. 将 (3) 与 (4) 相减得到

$$(d - d')x + (e - e')y + f - f' = 0, \tag{5}$$

其中 $d - d', e - e', f - f'$ 属于 $K(w_1, \cdots, w_{m'})$, K 是情形 (ii) 中的 F 的平方根塔. 于是 z 是 (4) 与 (5) 的交点. 如同 (ii) 知 z 的坐标 a, b, 从而 z 本身, 均属于 F 的平方根塔 $K(w_1, \cdots, w_{m'}, \sqrt{v})$, $v \in K(w_1, \cdots, w_{m'})$.

至此定理得证. ■

该强调的是, 当讨论尺规作图 "能问题" 时, 我们可能并不需要定理 8.3, 因为 F 的平方根塔中的数, 我们会用尺规作出, 能作出来, 它当然是个 "能问题". 但是当讨论尺规作图 "不能问题" 时, 就需要这个尺规作图的判别法.

8.2 三大古典难题

下面我们来解决尺规作图的三大古典难题.

例 8.4 三等分角问题: 给定角 α, 仅用尺规能否将 α 三等分, 即能否作出角 θ 使 $3\theta = \alpha$?

显然, 角 θ 能用尺规作出当且仅当数 $\cos\theta$ 能用尺规作出. 由三角公式, 有

$$\cos\alpha = \cos 3\theta = 4(\cos\theta)^3 - 3\cos\theta,$$

即 $\cos\theta$ 是多项式 $f(x) = 4x^3 - 3x - \cos\alpha$ 的根.

当 $f(x)$ 在域 $F = \mathbb{Q}(\cos\alpha)$ 上不可约时, 则有 $[F(\cos\theta) : F] = 3$, 故由命题 8.2 知 $F(\cos\theta)$ 不可能含于 F 的一个平方根塔, 即 $\cos\theta$ 不可能属于 F 的一个平方根塔, 从而根据定理 8.3 知由 $\cos\alpha$ 出发仅用尺规不能作出 $\cos\theta$, 也就是说仅用尺规不能三等分角 α.

例如, 当 $\alpha = 60°$ 时, 上述 $f(x)$ 是 $F = \mathbb{Q}(\frac{1}{2}) = \mathbb{Q}$ 上的不可约多项式 $\frac{1}{2}(8x^3 - 6x - 1)$, 因此仅用尺规不能三等分 $60°$ 角.

所以, 我们说, 不是任意一个角都能用尺规三等分的. 当然, 对于某些特殊的角, 仅用尺规还是能够将它三等分的 (例如, 仅用尺规当然能够三等分 $270°$ 角). 事实上, 仅用尺规能够三等分角 α 当且仅当 $4x^3 - 3x - \cos\alpha$ 是 $\mathbb{Q}(\cos\alpha)$ 上的可约多项式 (留作习题). ■

例 8.5 立方倍积问题: 给定正数 a, 仅用尺规能否作出正数 b, 使得边长为 b 的正方体的体积是边长为 a 的正方体的体积的 2 倍?

显然 b 是多项式 $x^3 - 2a^3$ 的根. 当这个多项式在域 $F = \mathbb{Q}(a)$ 上不可约 (例如当 $a = 1$) 时, 则 $[F(b) : F] = 3$, 因而 $F(b)$ 不可能含于 F 的一个平方根塔, 即 b 不能用尺规作出. 也就是说, 一般地, 立方倍积问题也是尺规作图不能问题. ■

例 8.6 化圆为方问题: 给定正数 a, 仅用尺规能否作出正数 b, 使得边长为 b 的正方形的面积与半径为 a 的圆的面积相等?

显然 b 是多项式 $x^2 - \pi a^2$ 的根, 即 $b = a\sqrt{\pi}$. 于是, 已知 a 仅用尺

规能否作出 b 就等于问能否作出 $\sqrt{\pi}$, 也就是问能否作出 π. 这时已知域是 $F = \mathbb{Q}(a)$, 而当 $[F(\pi) : F] = \infty$ 时 (例如当 $a = 1$ 时, 因为 π 是超越数, 故 $[\mathbb{Q}(\pi) : \mathbb{Q}] = \infty$), π 不能包含于 F 的一个平方根塔. 因此化圆为方问题, 一般地也是尺规作图不能问题. ∎

8.3 可构数的另一判定法

定理 8.3 仅用到简单的域论, 并未涉及伽罗瓦理论. 利用伽罗瓦理论基本定理可以给出可构数的另一判别法.

定理 8.7 (可构数判别法 II) 复数 z 是由 $z_1, \cdots, z_n$ 出发的可构数当且仅当 z 属于 $F = \mathbb{Q}(z_1, \cdots, z_n, \overline{z_1}, \cdots, \overline{z_n})$ 的一个 2^m $(m \geq 0)$ 维正规扩张.

证明 设 z 是由 $z_1, \cdots, z_n$ 出发的可构数. 则由定理 8.3 知 z 属于 F 的一个平方根塔 E. 再由引理 5.5 知存在 E 的有限扩域 N, 使得 N/F 是有限伽罗瓦扩张, 且 N 也是 F 的平方根塔. 从而 $[N : F] = 2^m$.

反之, 设 z 属于 F 的一个 2^m $(m \geq 0)$ 维正规扩张 N. 令 $G = \mathrm{Gal}(N/F)$. 则 N/F 是有限伽罗瓦扩张, $|G| = [N : F] = 2^m$. 于是 G 是可解群, G 有合成列

$$G = G_1 \triangleright G_2 \triangleright \cdots \triangleright G_{t+1} = \{1\},$$

使得 $[G_j : G_{j+1}] = 2$. 令 $F_j = \mathrm{Inv}(G_j)$. 对 N/F 使用伽罗瓦理论基本定理我们得到

$$F = F_1 \subseteq F_2 \subseteq \cdots \subseteq F_{t+1} = N,$$

使得 $[F_{j+1} : F_j] = 2$, 则每个 F_{j+1}/F_j 均为平方根式扩张 (§5 习题 1), 从而 N 是 F 的平方根塔. 于是由定理 8.3 知 z 是由 $z_1, \cdots, z_n$ 出发的可构数. ∎

8.4 正 n 边形的尺规作图

对于哪些正整数 n $(n \geq 3)$, 仅用尺规就能构作出正 n 边形? 这是尺规作图四大古代难题的最后一个. 高斯 (Carl Friedrich Gauss, 1777—1855) 十九岁时解决了这个问题; 1801 年他又具体给出了正十七边形的构造方法.

设 $n = 2^e p_1^{e_1} \cdots p_r^{e_r}$, 其中 e, $r \geq 0$, $p_1, \cdots, p_r$ 是两两不同的奇素数, $e_1, \cdots, e_r$ 是正整数 (若 $r = 0$, 则理解为 $n = 2^e$, $e \geq 2$. 以下相同). 正 n 边形仅用尺规就能作出当且仅当 n 次本原单位根 $\zeta_n = e^{\frac{2\pi i}{n}} = \cos \frac{2\pi}{n} + i \sin \frac{2\pi}{n}$ 是可构数. 由此我们利用定理 8.3 和定理 8.7 来确定所有的正整数 n $(n \geq 3)$, 使得 ζ_n 是可构数.

设 ζ_n 是可构数. 由定理 8.3 知 ζ_n 属于 $\mathbb{Q}$ 的某个平方根塔, 从而 $\mathbb{Q}(\zeta_n)$ 含于 $\mathbb{Q}$ 的某个平方根塔. 由命题 8.2 知 ζ_n 在 $\mathbb{Q}$ 上的次数是 2 的方幂. 因为 ζ_n 在 $\mathbb{Q}$ 上的极小多项式是分圆多项式 $\Phi_n(x)$(参见附录 II 定理 10.15), 其次数为欧拉函数 $\varphi(n)$, 其中

$$\varphi(n) = \begin{cases} 2^{e-1}, & r = 0,\ e \geq 2, \\ p_1^{e_1-1} \cdots p_r^{e_r-1}(p_1 - 1) \cdots (p_r - 1), & r \geq 1,\ e = 0, \\ 2^{e-1} p_1^{e_1-1} \cdots p_r^{e_r-1}(p_1 - 1) \cdots (p_r - 1), & r \geq 1,\ e \geq 1. \end{cases} \quad (6)$$

于是由 $\varphi(n)$ 是 2 的方幂推出 $n = 2^e p_1 \cdots p_r$, 其中 e, $r \geq 0$, $p_j = 1 + 2^{s_j}$, $s_j \geq 1$, $1 \leq j \leq r$.

我们称形如 $p = 1 + 2^s$ $(s \geq 1)$ 的素数为费马素数. 因为 p 是素数, 故 s 无大于 1 的奇数因子. 故费马素数必形如 $F_n = 1 + 2^{2^n}$, $n \geq 0$. 前 5 个费马素数为

$$F_0 = 3,\ F_1 = 5,\ F_2 = 17,\ F_3 = 257,\ F_4 = 65537,$$

但 F_5 和 F_6 不再是素数.

反之, 设 $n = 2^e p_1 \cdots p_r$, 其中 e, $r \geq 0$, $p_1, \cdots, p_r$ 为两两不同的费马素数. 则由 (6) 知 $\varphi(n)$ 是 2 的方幂, 即 $[\mathbb{Q}(\zeta_n) : \mathbb{Q}]$ 是 2 的方幂. 因为 $\mathbb{Q}(i, \zeta_n)$ 是 $(x^2 + 1)(x^n - 1)$ 在 $\mathbb{Q}$ 上的分裂域, 因此 $\mathbb{Q}(i, \zeta_n)$ 是 $\mathbb{Q}$

的正规扩域且 $[\mathbb{Q}(i, \zeta_n) : \mathbb{Q}]$ 是 2 的方幂. 于是由定理 8.7 知 ζ_n 是可构数. 这就证明了如下定理.

定理 8.8   正 n 边形仅用尺规能够作出当且仅当 $n = 2^e p_1 \cdots p_r$, 其中 $e, r \geq 0$ ($r = 0$ 时这理解成 $n = 2^e$, $e \geq 2$), $p_1, \cdots, p_r$ 为两两不同的费马素数; 也当且仅当欧拉函数 $\varphi(n)$ 是 2 的方幂.

习　题

1. 仅用尺规完成如下构造:

　　i) 给定直线 l 和点 $x \notin l$, 作过 x 且与 l 垂直的直线;

　　ii) 给定两个不同的点 O 和 A, 作以 O 为坐标原点、以 OA 为 X 轴、以 OA 的长为 1 的直角坐标系;

　　iii) 给定直线 l 和点 $x \in l$, 作过 x 且与 l 垂直的直线;

　　iv) 给定直线 l 和点 $x \notin l$, 作过 x 且与 l 平行的直线; (提示: 取 $A \in l$, 以 A 为圆心、以 Ax 为半径画圆交 l 于 C, 分别以 C 和 x 为圆心、以 Ax 为半径画两圆交于 N.)

　　v) 作已知两点的中点;

　　vi) 作已知两个角的和与差;

　　vii) 作已知角的半角.

2. 证明角 θ 仅用尺规能够作出当且仅当 $\sin\theta$ 仅用尺规能够作出.

3. 仅用尺规能够三等分角 α 当且仅当 $4x^3 - 3x - \cos\alpha$ 是 $\mathbb{Q}(\cos\alpha)$ 上的可约多项式.

4. 设 z 是由 $z_1, \cdots, z_n$ 出发的可构数. 则 z 是 $F = \mathbb{Q}(i, z_1, \cdots, z_n, \overline{z_1}, \cdots, \overline{z_n})$ 上次数为 2 的方幂的代数元.

5. 设 r 是 $\mathbb{Q}$ 上 4 次不可约多项式的一个实根, N 是 $\mathbb{Q}(r)$ 在 $\mathbb{Q}$ 上的正规闭包, $G = \mathrm{Gal}(N/\mathbb{Q})$.

　　i) 若 $|G| = 4$ 或 $G \cong D_4$, 则 r 是可构数.

　　ii) 若 $G \cong S_4$ 或 $G \cong A_4$, 则 r 是不可构数.

§9. 附录 I: 所需群和环中的结论*

群环之于数学

菜蛋之于生活

这个附录仅提示在伽罗瓦理论中用到的群和环中的结论. 读者可以在标准的近世代数书中找到相应的证明 (例如 [J1] 或 [FLCZ]); 否则, 我们将给出其证明.

9.1 有限群中若干结论

我们将群、阿贝尔群、子群、正规子群、商群、群同态、群同构等基本概念和初步性质在此处省略了: 它们当然是伽罗瓦理论必需的, 但任何近世代数书中都包含这些内容.

对于整数 m 和 n, 用 $m \mid n$ 表示 m 整除 n; 用 (m, n) 表示 m 和 n 的最大公因子. 用 $|M|$ 表示集合 M 所含元素的个数, 称为 M 的阶.

设 H 是群 G 的子群 (记为 $H \le G$), $g \in G$. 称子集 $gH = \{gh \mid h \in H\}$ 是 g 关于 H 的左陪集, 也称为 H 在 G 中的一个左陪集. 类似地有右陪集 Hg. 任意两个左 (右) 陪集或者相等, 或者交为空集. 因而 G 是所有两两不同的左 (右) 陪集的无交之并. 用 $[G : H]$ 表示 H 在 G 中的左陪集的个数, 它也是 H 在 G 中的右陪集的个数, 称为 H 在 G 中的指数. 事实上, 如果 L 是 H 在 G 中的左陪集的一个代表元系, 即有无交之并 $G = \dot{\bigcup}_{g \in L} gH$, 则有无交之并 $G = \dot{\bigcup}_{g \in L} Hg^{-1}$. 所以我们有

定理 9.1 (拉格朗日) 设 H 是群 G 的子群. 则 $|G| = |H| \cdot [G : H]$.

特别地, 若 G 是有限群, 则 $|H| \mid |G|$.

设 H 是群 G 的子群, $g \in G$. 称子群 gHg^{-1} 为 H 的一个共轭子群. 子群 H 的共轭子群的个数等于指数 $[G : N_G(H)]$, 其中 $N_G(H) = \{g \in G \mid gH = Hg\}$, 称为 H 在 G 中的正规化子.

设 H 是群 G 的子群. 如果对于任意 $g \in G$ 有 $gH = Hg$, 则称 H 是 G 的正规子群. 记为 $H \lhd G$. 显然, 子群 H 是正规子群当且仅当 H 的共轭子群只有 H 本身. 任意群 G 均有正规子群 $\{1\}$ 和 G 本身. 群 G 称为单群, 如果 $G \neq \{1\}$, 且 G 只有 $\{1\}$ 和 G 本身这两个正规子群. 阿贝尔群的任意子群均是正规子群. 指数为 2 的子群是正规子群. 用 $C(G)$ 表示群 G 的中心, 即 $C(G) = \{g \in G \mid gx = xg, \ \forall \, x \in G\}$, 则 $C(G) \lhd G$.

设 a 是群 G 中的元. 将满足 $a^n = e$ 的最小正整数 n 称为 a 的阶; 若对任意正整数 m, $a^m \neq e$, 则称 a 的阶为 ∞. 用 $o(a)$ 表示 a 的阶.

引理 9.2 设 G 是群, $a, b \in G$, $o(a) = m$, $o(b) = n$. 则有

(i) $m \mid |G|$, 且 $a^s = e$ 当且仅当 $m \mid s$;

(ii) $o(a^k) = \dfrac{m}{(k,m)}$;

(iii) 若 $ab = ba$ 且 $(m, n) = 1$, 则 ab 的阶是 mn.

设 G 是群, $a \in G$. 用 $\langle a \rangle$ 表示由 a 生成的 G 的子群 $\{a^n \mid n \in \mathbb{Z}\}$. 群 G 称为循环群, 如果存在 $a \in G$ 使得 $G = \langle a \rangle$. 此时显然有 $|G| = o(a)$; 且若 $|G| < \infty$, 则称 G 为有限循环群; 否则称为无限循环群.

设 n 是正整数. 用 $\varphi(n)$ 表示欧拉函数, 即 $\varphi(n)$ 表示小于 n 且与 n 互素的正整数的个数. 用 $\mathbb{Z}_n^*$ 表示 $\mathbb{Z}_n$ 中所有满足 $1 \le i \le n-1$, $(i, n) = 1$ 的剩余类 $\bar{i}$ 的集合对于剩余类的乘法作成的群, 则 $|\mathbb{Z}_n^*| = \varphi(n)$. 如下结论总结了循环群的性质.

定理 9.3 (i) 无限循环群同构于整数加群 $\mathbb{Z}$; n 阶循环群同构于剩余类加群 $\mathbb{Z}_n$.

(ii) 循环群 $G = \langle a \rangle$ 的子群仍是循环群.

若 $o(a) = \infty$, 则 $\langle a^m \rangle$, $m = 0, 1, \cdots$, 是 G 的全部的两两不同的子群 (这里 "不同" 是指作为 G 的子集是不同的); 当 $m \neq 0$ 时, $\langle a^m \rangle \cong G$ 且 $\langle a^m \rangle$ 的指数为 m.

若 $o(a) = n$, 则 $\langle a^m \rangle$, 其中 m 取遍 n 的正因子, 是 G 的全部的两两不同的子群 (这里 "不同" 是指作为 G 的子集是不同的); 且 $\langle a^m \rangle$ 的指数为 m. 特别地, 拉格朗日定理的逆对于有限循环群成立; 而且, 对于 n 阶循环群 G 和 n 的任意正因子 d, G 只有唯一的一个 d 阶子群 (指在集合意义下).

(iii) 设 $G = \langle a \rangle$ 是循环群.

若 $o(a) = \infty$, 则 a 和 a^{-1} 是 G 的仅有的两个生成元.

若 $o(a) = n$, 则 G 共有 $\varphi(n)$ 个生成元 a^m, 其中 $1 \leq m \leq n - 1$, $(m, n) = 1$.

(iv) 无限循环群的自同构群同构于 $\mathbb{Z}_2$; n 阶循环群的自同构群同构于 $\mathbb{Z}_n^*$.

(v) 两个有限循环群的直和是循环群当且仅当这两个循环群的阶互素, 即 $\mathbb{Z}_m \oplus \mathbb{Z}_n \cong \mathbb{Z}_{mn}$ 当且仅当 $(m, n) = 1$.

n 次对称群 S_n 是 n 元集 M 的所有一一变换对于变换的合成作成的群. 习惯上记 $M = \{1, \cdots, n\}$. 将 S_n 的元素称为置换. S_n 的任意子群通称为置换群. 用 $(i_1 \, i_2 \, \cdots \, i_l)$ 表示这样的置换: 它将 i_1 变成 i_2, $\cdots$, i_l 变成 i_1, 并且将 $\{1, \cdots, n\} - \{i_1, \cdots, i_l\}$ 中元保持不动. 将 $(i_1 \, i_2 \, \cdots \, i_l)$ 称为长为 l 的轮换, 或 l-轮换. 将 2-轮换 $(i \, j)$ 称为对换. S_n 中任意元 σ 可以写成互不相交的轮换之积 (指两个不同的轮换因子中无相同的数字), 且如果不记轮换因子的次序, 这种写法是唯一的 (通常将 1-轮换省略不写); 且 σ 的阶是其所有轮换因子的长的最小公倍数.

S_n 中的置换均可写成对换的乘积: 这种写法不是唯一的; 但是, 这种写法中对换因子的个数的奇偶性是唯一的. 将能够写成偶数个对换之积的置换称为偶置换; 否则称为奇置换. 令 A_n 是 S_n 中所有偶置换组成的子群, 称为 n 次交错群. 它是 S_n 的指数为 2 的正规子群.

$\{(1\,2),\,(1\,3),\,\cdots,\,(1\,n)\}$ 是 S_n 的一个生成元集; $\{(1\,2),\,(2\,3),\cdots,$
$(n-1\ n)\}$ 也是 S_n 的一个生成元集. 当 $n \geq 3$ 时, $\{(1\,2\,3),\,(1\,2\,4),\,\cdots,$
$(1\,2\,n)\}$ 是 A_n 的一个生成元集.

交换的单群只能是素数阶循环群. 当 $n \geq 5$ 时, n 次交错群 A_n 均
是单群. 这是伽罗瓦发现的首例系列非交换有限单群. 除此之外, 还有
称之为 Lie 型单群的 16 个系列的非交换有限单群, 以及 26 个散在单
群①. 有限单群的分类是数学史上的浩大工程和伟大成就, 自 1955 年
开始至 2004 年才全部完成②, 有近百位数学家在近百种杂志上发表总
共长近万页的这方面的论文.

用 D_n 表示正 n 边形 P 的对称群 $(n \geq 3)$, 即, 平面的将 P 中点
仍变成 P 中点的所有正交变换作成的群, 称为 n 次二面体群. 这是一
个由旋转和翻转生成的 $2n$ 阶群, 它恰有 n 个旋转和 n 个翻转组成, 其
抽象的表示为

$$D_n = \langle a,b \mid a^n = 1,\ b^2 = 1,\ ba = a^{n-1}b \rangle.$$

设 G 是有限群, $|G| = p^n m$, 其中 $n \geq 1$ 并且 $p \nmid m$. 将 G 的 p^n
阶子群称为 G 的西罗 p-子群. 下述西罗 (Peter Ludwig Mejdell Sylow,
1832—1918) 定理是有限群结构中的基本结论.

定理 9.4 (西罗) 设 p 为素数, G 是有限群. 则

(i) 若 $p^k \mid |G|$, 则 G 的阶为 p^k 的子群的个数模 p 同余于 1. 特别
地, G 有 p^k 阶子群. 从而 G 有西罗 p-子群;

(ii) G 的西罗 p-子群是互相共轭的. 因而 G 的西罗 p-子群的个

---

①其中阶最大的散在单群被称为 "魔群" (monster), 其阶为 $2^{46} \cdot 3^{20} \cdot 5^9 \cdot 7^6 \cdot 11^2 \cdot$
$13^3 \cdot 17 \cdot 19 \cdot 23 \cdot 29 \cdot 31 \cdot 41 \cdot 47 \cdot 59 \cdot 71$, 约为 10^{54}.

②虽然通常认为 20 世纪 80 年代初有限单群的分类就基本完成, 但其中所
谓拟薄群 (quasithin group) 的情形直到 2004 年才由阿什巴赫 (Michael George
Aschbacher, 1944—) 和 Stephen D. Smith 最后完成, 这个情形的证明长达 1200
多页.

数等于 $[G : N_G(P)]$ 且模 p 同余于 1, 其中 P 是 G 的任意西罗 p-子群, $N_G(P)$ 是 P 在 G 中的正规化子;

(iii) G 的任一 p^k 阶子群必含于 G 某一西罗 p-子群.

群 G 称为 p-群, 如果 $|G| = p^a$, 其中 p 为素数, a 为正整数. p-群 G 的西罗 p-子群就是 G 本身. p^2 阶群是阿贝尔群.

引理 9.5 (i) p-群的中心不等于 $\{1\}$.

(ii) p-群的极大子群是正规子群且指数为 p.

(iii) p^3 阶非阿贝尔群的中心同构于 p 阶循环群 $\mathbb{Z}_p$.

证明 这里只证 (ii), 因为它在证明代数基本定理中要用到. 设 $|G| = p^n$, $n \geq 1$. 对 n 用数学归纳法. $n = 1$ 时结论显然成立. 设 $n > 1$. 设 M 是 G 的极大子群. 由 (i) 和西罗定理知 G 的中心有 p 阶子群 P. 若 P 不是 M 的子群, 则 $MP = G$; 从而易知 $M \lhd G$, 且由 $G/M \cong P/(P \cap M) = P$ 知 $[G : M] = p$.

若 P 是 M 的子群, 则 M/P 是 G/P 的极大子群. 由归纳假设知 $M/P \lhd G/P$ 且 $[G/P : M/P] = p$, 从而 $M \lhd G$ 且 $[G : M] = p$. ∎

9.2 有限阿贝尔群

设 $m_1 \geq \cdots \geq m_r$ 均为正整数且 $n = m_1 + \cdots + m_r$. 则称 $(m_1, \cdots, m_r)$ 是 n 的一个划分. 正整数 n 的两个划分 $(m_1, \cdots, m_r)$ 和 $(m_1', \cdots, m_{r'}')$ 称为相等, 如果 $r = r'$, 且 $m_1 = m_1', \cdots, m_r = m_{r'}'$. 用 $P(n)$ 表示 n 的划分的个数. 例如 $P(4) = 5$, 即 4 有如下 5 个划分:

$$4 = 4, \quad 4 = 3 + 1, \quad 4 = 2 + 2, \quad 4 = 2 + 1 + 1, \quad 4 = 1 + 1 + 1 + 1.$$

下面的定理总结了有限阿贝尔群的性质.

定理 9.6 (i) 有限阿贝尔群是其西罗子群的直和.

(ii) 用 Γ 表示正整数 n 的划分的集合, 用 Ω 表示阶为 p^n 的阿贝尔群的同构类的集合. 则 $(m_1, \cdots, m_r) \mapsto \mathbb{Z}_{p^{m_1}} \oplus \cdots \oplus \mathbb{Z}_{p^{m_r}}$ 是 Γ 到 Ω 的一一映射.

(iii) 设 $n = p_1^{n_1} \cdots p_s^{n_s}$, 其中 $p_1, \cdots, p_s$ 是两两不同的素数, $n_1, \cdots,$ n_s 是正整数. 则共有 $P(n_1) \cdots P(n_s)$ 个两两互不同构的 n 阶阿贝尔群.

对于任意 $n\,(n > 1)$ 阶阿贝尔群 G, 均存在 n_i 的一个划分 $(m_{i1}, \cdots,$ $m_{ir_i})$, $1 \leq i \leq s$, 使得 G 同构于

$$\mathbb{Z}_{p_1^{m_{11}}} \oplus \cdots \oplus \mathbb{Z}_{p_1^{m_{1r_1}}} \oplus \cdots \oplus \mathbb{Z}_{p_s^{m_{s1}}} \oplus \cdots \oplus \mathbb{Z}_{p_s^{m_{srs}}}.$$

此时

$$p_1^{m_{11}}, \cdots, p_1^{m_{1r_1}}, \cdots, p_s^{m_{s1}}, \cdots, p_s^{m_{srs}}$$

称为 G 的初等因子组.

两个有限阿贝尔群同构当且仅当它们的初等因子组相同.

(iv) 对于任意 $n\,(n > 1)$ 阶阿贝尔群 G, 均存在正整数 $1 <$ $d_1, \cdots, d_t$ 满足

$$d_1 \mid d_2 \mid \cdots \mid d_t, \quad n = d_1 \cdots d_t,$$

使得 G 同构于

$$\mathbb{Z}_{d_1} \oplus \cdots \oplus \mathbb{Z}_{d_t}.$$

此时 $d_1, \cdots, d_t$ 称为 G 的不变因子组.

两个有限阿贝尔群同构当且仅当它们的不变因子组相同.

(v) 对于任意 n 阶阿贝尔群 G 和 n 的任意正因子 d, G 有 d 阶子群和 d 阶商群.

9.3 可解群

设 G 是群, $a, b \in G$. 令 $[a, b] = aba^{-1}b^{-1}$, 称为 a 与 b 的换位子. 换位子的逆元仍是换位子: $[a, b]^{-1} = [b, a]$; 但换位子的积未必是换位子. 用 G' 表示 G 的所有换位子生成的子群, 称为 G 的换位子群. 显然 $G' = \{[a_1, b_1] \cdots [a_m, b_m] \mid m \geq 1, a_i, b_i \in G, 1 \leq i \leq m\}$, 且 G' 是 G 的正规子群. 群 G 是阿贝尔群当且仅当 $G' = \{1\}$. 设 N 是 G 的正规子群. 则商群 G/N 是阿贝尔群当且仅当 $G' \leq N$.

归纳地定义群 G 的第 n 次换位子群 $G^{(n)}$ 如下: $G^{(1)} = G'$; $G^{(n)} = (G^{(n-1)})^{(1)}$, $\forall\, n \geq 2$. 容易证明 $G^{(n)}$ 均是 G 的正规子群. 群 G 称为可解群, 如果存在正整数 n 使得 $G^{(n)} = \{1\}$. 阿贝尔群是可解群. 可解群的子群与商群均是可解群. 设 N 是 G 的正规子群. 则 G 是可解群当且仅当 N 和 G/N 均是可解群.

p-群是可解群; 二面体群 D_n 是可解群; 阶为 pq 和阶为 pqr 的群皆为可解群, 其中 p, q, r 均为素数. 对称群 S_n 是可解群当且仅当 $n \leq 4$; 交错群 A_n 是可解群当且仅当 $n \leq 4$. 著名的伯恩赛德定理 (William Burnside, 1852—1927) 说: 阶为 $p^a q^b$ 的群是可解群, 其中 p, q 是素数, a, b 是非负整数. 此定理的证明需要用到群表示论. 1963 年费特 (Walter Feit, 1930—2004) 和汤普森 (John Griggs Thompson, 1932—) 证明了伯恩赛德猜想: 奇数阶群均是可解群. 证明长达 255 页.

定理 9.7 设 G 是有限群. 则下述结论等价:

(i) G 是可解群;

(ii) G 有终止于 $\{1\}$ 的正规群列, 即存在 $G = G_0 \rhd G_1 \rhd \cdots \rhd G_m = \{1\}$, 且 $G_i \lhd G$, $1 \leq i \leq m$, 使得每个因子群 G_{i-1}/G_i 均为阿贝尔群, $1 \leq i \leq m$;

(iii) G 有终止于 $\{1\}$ 的次正规群列, 即存在 $G = G_0 \rhd G_1 \rhd \cdots \rhd G_m = \{1\}$, 使得每个因子群均为阿贝尔群, $1 \leq i \leq m$;

(iv) G 有终止于 $\{1\}$ 的次正规群列, 使得每个因子群均为素数阶循环群;

(v) G 有终止于 $\{1\}$ 的次正规群列, 使得每个因子群均为 p-群.

9.4 对称多项式基本定理

我们将环、交换环、子环、理想、商环、环同态、环同构、整环、整环的商域、环的直和、唯一因子分解环 (UFD)、主理想整环 (PID)、欧几里得整环 (ED) 等基本概念和初步性质在此处省略了: 它们当然是伽罗瓦理论必需的, 但通常的近世代数教材中都包含这些内容.

设 R 是环, $R[x_1, \cdots, x_n]$ 是 R 上的 n 个独立不定元 $x_1, \cdots, x_n$ 的多项式环. 对称群 S_n 中的任一元 σ 诱导出 $R[x_1, \cdots, x_n]$ 的一个自同构, 仍记为 σ, 它将 R 中元保持不动并将 x_i 送到 $x_{\sigma(i)}$, $1 \leq i \leq n$. 即

$$\sigma(f(x_1, \cdots, x_n)) = f(x_{\sigma(1)}, \cdots, x_{\sigma(n)}), \ \forall f(x_1, \cdots, x_n) \in R[x_1, \cdots, x_n].$$

例如, 若 $f(x_1, x_2, x_3) = x_1^2 x_3 + x_2 x_3$, $\sigma = (123)$, 则 $\sigma(f(x_1, x_2, x_3)) = f(x_2, x_3, x_1) = x_1 x_2^2 + x_1 x_3$.

多项式 $f(x_1, \cdots, x_n) \in R[x_1, \cdots, x_n]$ 称为 $x_1, \cdots, x_n$ 的对称多项式, 如果对于任意 $\sigma \in S_n$ 有 $\sigma(f(x_1, \cdots, x_n)) = f(x_1, \cdots, x_n)$. 令

$$\begin{cases} p_1 = \sum_i x_i, \\ p_2 = \sum_{i < j} x_i x_j, \\ p_3 = \sum_{i < j < k} x_i x_j x_k, \\ \cdots \cdots \cdots \cdots \\ p_n = x_1 \cdots x_n. \end{cases}$$

则 $p_1, \cdots, p_n$ 均是 $x_1, \cdots, x_n$ 的对称多项式, 称之为 $x_1, \cdots, x_n$ 的初等对称多项式.

如果 $r_1, \cdots, r_n$ 是域上首一多项式 $f(x) = x^n - a_1 x^{n-1} + \cdots + (-1)^n a_n$ 的根, 则系数 a_i 恰是 $r_1, \cdots, r_n$ 的初等对称多项式 p_i, $1 \leq i \leq n$.

定理 9.8 (对称多项式基本定理)　设 R 是环. 则

(i) $R[x_1, \cdots, x_n]$ 中任意对称多项式均可表为 $x_1, \cdots, x_n$ 的初等对称多项式 $p_1, \cdots, p_n$ 的系数在 R 中的多项式;

(ii) $p_1, \cdots, p_n$ 在 R 上代数无关, 即不存在非零多项式 $f(x_1, \cdots, x_n) \in R[x_1, \cdots, x_n]$ 使得 $f(p_1, \cdots, p_n) = 0$;

(iii) 每个 x_i 均是 $R[p_1, \cdots, p_n]$ 上的代数元. 事实上, x_i 是 $R[p_1, \cdots, p_n][x]$ 中多项式

$$g(x) = (x - x_1) \cdots (x - x_n) = x^n - p_1 x^{n-1} + p_2 x^{n-2} - \cdots + (-1)^n p_n$$

的根.

9.5 唯一因子分解整环上的多项式环

设 D 是唯一因子分解整环 (UFD), $f(x) \in D[x]$. 用 $c(f)$ 表示 $f(x)$ 的所有系数的最大公因子. 如果 $c(f)$ 是 D 中单位, 则称 $f(x)$ 是本原多项式.

引理 9.9 (i) (高斯引理) 设 D 是 UFD. 则 $D[x]$ 中两个本原多项式的乘积仍是本原多项式.

(ii) 若 $F[x]$ 中两个首一多项式的乘积是 $D[x]$ 中的多项式, 则这两个多项式必是 $D[x]$ 中的本原多项式, 这里 F 是 D 的商域.

证明 只证 (ii). 设 $f(x) = g(x)h(x) \in D[x]$, 其中 $g(x)$, $h(x) \in F[x]$, 且 $g(x)$ 和 $h(x)$ 都是首一多项式. 将 $g(x)$ 的各项系数写成既约分数. 令 a 是 $g(x)$ 的各项系数的分母的最小公倍元. 因为 $g(x)$ 首一, 不难看出 $g(x) = \frac{1}{a}\widetilde{g(x)}$, 其中 $\widetilde{g(x)}$ 是 $D[x]$ 中的本原多项式. 同理 $h(x) = \frac{1}{c}\widetilde{h(x)}$, 其中 $\widetilde{h(x)}$ 是 $D[x]$ 中的本原多项式. 由 (i) 知 $\widetilde{g(x)}\widetilde{h(x)}$ 是 $D[x]$ 中的本原多项式; 于是由 $acf(x) = \widetilde{g(x)}\widetilde{h(x)}$ 即知 ac 是 D 中单位. 从而结论成立. ∎

引理 9.10 设 D 是 UFD, F 是 D 的商域, $f(x) \in D[x]$ 是正次数的本原多项式. 则 $f(x)$ 是 $D[x]$ 中的不可约元当且仅当 $f(x)$ 是 $F[x]$ 中的不可约元.

定理 9.11 (高斯) 设 D 是 UFD. 则 $D[x]$ 也是 UFD.

定理 9.12 (艾森斯坦判别法) 设 D 是 UFD, F 是 D 的商域, $f(x) = a_n x^n + a_{n-1} x^{n-1} + \cdots + a_1 x + a_0$ 是 $D[x]$ 中正次数本原多项式. 如果

存在 D 中不可约元 p 使得

$$p \mid a_i, \quad 0 \le i \le n-1, \quad p \nmid a_n, \quad p^2 \nmid a_0,$$

则 $f(x)$ 是 $D[x]$ 中不可约多项式, 从而也是 $F[x]$ 中不可约多项式.

9.6 中国剩余定理

用 $U(R)$ 表示 (有单位元的) 环 R 的单位群, 即 R 中所有乘法可逆元的集合对于乘法作成的群. 例如, $U(\mathbb{Z}_n) = \mathbb{Z}_n^* = \{\, \bar{i} \in \mathbb{Z}_n \mid 1 \le i \le n-1, \ (i,n)=1 \}$.

环 R 的理想 I 和 J 称为互素, 如果 $I + J = R$. 当 $R = \mathbb{Z}$ 时存在唯一的正整数 m 和 n 使得 $I = m\mathbb{Z}$, $J = n\mathbb{Z}$. 此时 I 和 J 互素当且仅当 m 和 n 互素.

定理 9.13 (中国剩余定理)   设 R 是有单位元的非零环, $I_1, \cdots, I_n$ 是 R 的理想并且两两互素. 则有环同构

$$\pi: \ R/(I_1 \cap \cdots \cap I_n) \cong R/I_1 \oplus \cdots \oplus R/I_n,$$
$$r + I_1 \cap \cdots \cap I_n \mapsto (r + I_1, \cdots, r + I_n).$$

设 $n = p_1^{m_1} \cdots p_r^{m_r}$, 其中 $p_1, \cdots, p_r$ 是两两不同的素数, $m_1, \cdots, m_r$ 均为正整数. 令 $I_i = p_i^{m_i}\mathbb{Z}$, $1 \le i \le r$. 则 $I_1, \cdots, I_r$ 是 $\mathbb{Z}$ 的两两互素的理想, 且 $I_1 \cap \cdots \cap I_r = n\mathbb{Z}$. 由中国剩余定理立即得到环同构 $\pi: \mathbb{Z}_n \cong \mathbb{Z}_{p_1^{m_1}} \oplus \cdots \oplus \mathbb{Z}_{p_r^{m_r}}$. 比较两边的单位群得到

$$U(\mathbb{Z}_n) \cong U(\mathbb{Z}_{p_1^{m_1}}) \oplus \cdots \oplus U(\mathbb{Z}_{p_r^{m_r}}),$$

从而

$$|U(\mathbb{Z}_n)| = |U(\mathbb{Z}_{p_1^{m_1}})| \cdots |U(\mathbb{Z}_{p_r^{m_r}})|.$$

用 $\varphi(n)$ 表示欧拉函数, 即 $\varphi(n)$ 是区间 $[1, n]$ 中与 n 互素的整数的个数, 则 $|U(\mathbb{Z}_n)| = \varphi(n)$. 根据定义 $\varphi(p^m)$ 恰是区间 $[1, p^m]$ 中不能被 p 整除的整数的个数. 而区间 $[1, p^m]$ 中能被 p 整除的整数恰好形如 qp,

其中 $q = 1, 2, \cdots, p^{m-1}$, 因此 $\varphi(p^m) = p^m - p^{m-1} = p^{m-1}(p-1)$. 于是有

推论 9.14   设 $n = p_1^{m_1} \cdots p_r^{m_r}$ 是正整数 n 的标准素分解. 则

(i) 有环同构 $\pi: \mathbb{Z}_n \cong \mathbb{Z}_{p_1^{m_1}} \oplus \cdots \oplus \mathbb{Z}_{p_r^{m_r}}$, $\pi(\bar{l}) = (\bar{l}, \cdots, \bar{l})$, $\forall\, l \in \mathbb{Z}$. (其中每个 $\bar{l}$ 的意义不同, 指在不同的剩余类环中的元.)

(ii) 有群同构 $\pi: \mathbb{Z}_n^* \cong \mathbb{Z}_{p_1^{m_1}}^* \oplus \cdots \oplus \mathbb{Z}_{p_r^{m_r}}^*$, $\pi(\bar{l}) = (\bar{l}, \cdots, \bar{l})$, $\forall\, l \in \mathbb{Z}$. (同样, 每个 $\bar{l}$ 的意义不同.)

(iii) $\varphi(n) = \prod_{1 \le i \le r} p_i^{m_i - 1}(p_i - 1) = n \prod_{1 \le i \le r}(1 - \frac{1}{p_i})$.

注记 9.15   (i)   由上述 (iii) 可见 $\varphi(n)$ 是积性函数, 即: 若 n 和 m 是互素的正整数, 则 $\varphi(mn) = \varphi(m)\varphi(n)$. 由 (iii) 也知: 当 $n > 2$ 时 $\varphi(n)$ 均为偶数.

(ii)   如果 $\mathbb{Z}_n^*$ 是循环群, 则称模 n 有原根, 并将整数 g 称为模 n 的一个原根, 这里 $\bar{g}$ 是 $\mathbb{Z}_n^*$ 的生成元. 设 $n \ge 2$ 是正整数. 则模 n 有原根当且仅当 $n \in \{2, 4, p^l, 2p^l \mid p$ 为奇素数, $l \ge 1\}$ (参见 [FY]). 根据这一结果和上述 (ii), 要确定 $\mathbb{Z}_n^*$ 的结构, 只要知道 $\mathbb{Z}_{2^e}^*$ 的结构, 其中 $e \ge 3$. 而 $\mathbb{Z}_{2^e}^*$ 是 2 阶循环群和 2^{e-2} 阶循环群的直和 (参见 [J1], 定理 4.20). 因而单位群 $U(\mathbb{Z}_n) = \mathbb{Z}_n^*$ 的结构就完全清楚了. 例如

$$\mathbb{Z}_{360}^* \cong \mathbb{Z}_8^* \oplus \mathbb{Z}_9^* \oplus \mathbb{Z}_5^* \cong \mathbb{Z}_2 \oplus \mathbb{Z}_2 \oplus \mathbb{Z}_6 \oplus \mathbb{Z}_4 \cong \mathbb{Z}_2 \oplus \mathbb{Z}_2 \oplus \mathbb{Z}_2 \oplus \mathbb{Z}_{12}.$$

§10. 附录 II: 域论摘要*

我也和您一样

看重同构延拓

域论的系统性奠基工作是由施泰尼茨 (Ernst Steinitz, 1871—1928) 于 1910 年完成的, 虽然早在伽罗瓦的工作中就已经引入了有限域. 经过现代的处理, 域论成为伽罗瓦理论的基本语言, 而伽罗瓦理论可视为域论的自然发展.

这个附录比较系统但不加证明地回顾域论中基本概念和结论. 读者可在标准的近世代数书中找到证明 (例如 [J1] 或 [LZ]); 否则, 我们将包含其证明.

由于本书在技术处理上强调同构延拓定理的应用, 我们给出它的详细证明. 同时也包含了分圆多项式不可约性的证明.

10.1 域扩张的基本概念

域是交换的除环, 也就是说, 域是有单位元的非零的交换环, 其中任意非零元均是乘法可逆元. 因此, 域至少含有两个不同的元: 加法的单位元 0 和乘法的单位元 1. 我们已经遇到的域如有理数域 $\mathbb{Q}$、实数域 $\mathbb{R}$、复数域 $\mathbb{C}$、剩余类环 $\mathbb{Z}_p$ (其中 p 为素数) 以及整环的商域等.

域 F 的子集 S 称为 F 的子域, 如果 S 对于 F 的加法 $+$ 和乘法 $\cdot$ 也作成域. 域 F 的非空子集 S 是 F 的子域当且仅当对于任意的 $a \in S$, $0 \neq b \in S$, 有 $a - b \in S$ 和 $a \cdot b^{-1} \in S$.

如果 F 是域 K 的子域, 则称 K 是 F 的扩域, 或扩张, 记为 K/F.

我们通常在扩张的背景下研究一个域: 即将域 K 视为某一子域的扩域, 或者, 考虑 K 的扩域.

没有真子域的域称为素域. 任一域 F 包含唯一的素域: 它是由 F 的单位元生成的子域.

有单位元的无零因子环 R 中所有非零元的加法阶均是相同的: 这个公共的加法阶或为 ∞ (此时称 R 的特征为 0), 或为素数 p (此时称 R 的特征为 p). 用 $\mathrm{Char}R$ 表示 R 的特征.

特别地, 域 F 有特征的概念. 特征为零的素域同构于有理数域 $\mathbb{Q}$; 特征为素数 p 的素域同构于剩余类环 $\mathbb{Z}_p$. 因而, 若 $\mathrm{Char}F = 0$ 则 F 是 $\mathbb{Q}$ 的扩域; 若 $\mathrm{Char}F = p$ 则 F 是 $\mathbb{Z}_p$ 的扩域.

设 K 是 F 的扩域. 则 K 可看成是 F 上的线性空间, 其中数乘就是 F 中元和 K 中元的乘法. 从而 K 有一组 F-基 $\{v_i \mid i \in I\}$. 此时指标集 I 的基数称为 K 在 F 上的次数, 记为 $[K : F]$. 如果 $[K : F] < \infty$, 则称 K/F 是有限扩张; 否则称为无限扩张.

引理 10.1 (俗称望远镜公式)   设有域扩张 E/K 和 K/F. 则有

$$[E : F] = [E : K][K : F].$$

特别地, E/F 是有限扩张当且仅当 E/K 和 K/F 均为有限扩张.

设有域扩张 K/F, $S \subseteq K$. 用 $F(S)$ 表示 K 的包含 F 和 S 的最小子域. 如果 $S = \{u_1, \cdots, u_n\}$, 则记 $F(S)$ 为 $F(u_1, \cdots, u_n)$, 称为 F 的添加 n 个元 $u_1, \cdots, u_n$ 的有限生成扩张. 特别地, 我们有单扩域 $F(u)$. 显然

$$F(S) = \left\{ \frac{f(u_1, \cdots, u_n)}{g(u_1, \cdots, u_n)} \;\middle|\; f(x_1, \cdots, x_n),\ g(x_1, \cdots, x_n) \in F[x_1, \cdots, x_n], \right.$$

$$\left. u_1, \cdots, u_n \in S,\ g(u_1, \cdots, u_n) \neq 0,\ n \geq 1 \right\}.$$

特别地,

$$F(u) = \left\{ \frac{f(u)}{g(u)} \;\middle|\; f(x), g(x) \in F[x],\ g(u) \neq 0 \right\}.$$

并且对任一 $\alpha \in F(S)$, 存在 S 的有限子集 U 使得 $\alpha \in F(U)$. 若 $S_1, S_2 \subseteq K$, 则有 $F(S_1 \cup S_2) = F(S_1)(S_2) = F(S_2)(S_1)$.

设有域扩张 K/F, $u \in K$. 如果 u 是 $F[x]$ 中某一非零多项式的根, 则称 u 是 F 上的代数元, 或称 u 在 F 上代数; 否则称 u 是 F 上的超越元, 或称 u 在 F 上超越. 如果 K 中任一元均是 F 上的代数元, 则称 K/F 是代数扩域; 否则称 K/F 是超越扩域. 设 u 在 F 上代数. $F[x]$ 中以 u 为根的次数最小的首一多项式称为 u 在 F 上的极小多项式. 它恰是 $F[x]$ 中以 u 为根的首一的不可约多项式. 易知, 以 u 为根的首一多项式 $f(x) \in F[x]$ 是 u 在 F 上的极小多项式, 当且仅当对于任一 $g(x) \in F[x]$ 且 $g(u) = 0$, 有 $f(x) \mid g(x)$.

定理 10.2 (单扩域的结构)   设有域扩张 K/F, $u \in K$. 记 $F[u] := \{f(u) \mid f(x) \in F[x]\}$.

(i) 若 u 是 F 上的代数元, 则 $F(u) \cong F[x]/\langle f(x) \rangle$, 其中 $f(x)$ 是 u 在 F 上的极小多项式. 并且 $1, u, \cdots, u^{n-1}$ 是 $F(u)$ 在 F 上的一组基, 其中 $n = \deg f(x)$. 特别地, $[F(u) : F] = n$, $F(u) = F[u]$.

(ii) 若 u 是 F 上的超越元, 则 $F(u) \cong F(x)$ (有理函数域).

(iii) 设 $u, v \in K$. 若 u, v 均是 F 上的超越元, 则存在域同构 $\sigma : F(u) \cong F(v)$ 使得 $\sigma(u) = v$, $\sigma|_F = \mathrm{Id}$.

(iv) 设 $u, v \in K$. 若 u, v 均是 F 上的代数元, 则存在域同构 $\sigma : F(u) \cong F(v)$ 使得 $\sigma(u) = v$, $\sigma|_F = \mathrm{Id}$, 当且仅当 u 和 v 在 F 上的极小多项式相同.

设有域扩张 K/F. 令

$$\mathrm{Aut}(K) := \{f : K \to K \mid f \text{ 为域同构}\},$$

$$\mathrm{Gal}(K/F) := \{f \in \mathrm{Aut}(K) \mid f|_F = \mathrm{Id}\}.$$

则 $\mathrm{Aut}(K)$, $\mathrm{Gal}(K/F)$ 对于映射的合成作成群, 分别称为域 K 的自同构群和 K 在 F 上的伽罗瓦群. 将 $\mathrm{Gal}(K/F)$ 中的元称为 K 的 F-自同构.

若 u 在 F 上超越, 则 $\mathrm{Gal}(F(u)/F) \cong \mathrm{PGL}_2(F)$, 这里 $\mathrm{PGL}_2(F)$ 称为 2 次射影一般线性群, 它是一般线性群 $\mathrm{GL}_2(F)$ 关于正规子群 D 的商群, 其中 D 是对角线元非零的 2 阶数量矩阵作成的群.

若 u 在 F 上代数, $f(x)$ 是 u 在 F 上的极小多项式, 则

$$|\mathrm{Gal}(F(u)/F)| = F(u) \text{ 中 } f(x) \text{ 的互异根的个数}.$$

特别地, $|\mathrm{Gal}(F(u)/F)| \le [F(u):F] = \deg f(x)$, 并且 $|\mathrm{Gal}(F(u)/F)|$ $= \deg f(x)$ 当且仅当 $f(x)$ 无重根且 $f(x)$ 的所有根均在 $F(u)$ 中.

定理 10.3 (i) 有限扩张 K/F 是有限生成的代数扩张.

(ii) 设有域扩张 K/F, $u_1, \cdots, u_n \in K$. 若 $u_1, \cdots, u_n$ 均在 F 上代数, 则 $F(u_1, \cdots, u_n)$ 是 F 的有限扩张, 从而是代数扩张. 于是 K 中 F 上的代数元的集合作成 K 的子域.

(iii) 设 u 是 K 上的代数元, K/F 是代数扩张. 则 u 也是 F 上的代数元.

(iv) 设 $E/K, K/F$ 均为域扩张. 则 E/F 是代数扩张当且仅当 E/K 和 K/F 均是代数扩张.

10.2 分裂域和同构延拓定理

设 $f(x)$ 是域 F 上的 n $(n \ge 1)$ 次多项式, E 是 F 的扩域. 如果在 $E[x]$ 中有分解 $f(x) = c(x - r_1) \cdots (x - r_n)$, 其中 $c \in F$, $r_1, \cdots, r_n \in E$, 且 $E = F(r_1, \cdots, r_n)$, 则称 E 是 $f(x)$ 在 F 上的分裂域. 换言之, E 是包含 $f(x)$ 的所有根的 F 的最小扩域. 域 F 上的正次数多项式 $f(x)$ 在 F 上的分裂域总是存在的. 因此, 我们总可以谈论任意域上正次数多项式的根.

域 F 上的正次数多项式 $f(x)$ 称为 F 上的可分多项式, 或称 $f(x)$ 在 F 上可分, 如果 $f(x)$ 在 $F[x]$ 中的每个不可约因子均无重根. 否则, 称 $f(x)$ 在 F 上不可分. 域 F 上的正次数多项式 $f(x)$ 有重根当且仅当最大公因子 $(f(x), f'(x)) \ne 1$, 其中 $f'(x)$ 是 $f(x)$ 的形式导数. 由此即知: "$f(x)$ 有或无重根" 是 $f(x)$ 的内蕴性质, 并不依赖在 F 的哪个扩域中谈论 $f(x)$ 的根.

设 $\sigma : F \to F'$ 是域同构, $f(x) = a_0 + a_1 x + \cdots + a_n x^n \in F[x]$. 则 σ 诱导出环同构 $F[x] \to F'[x]$: $f(x) \mapsto \sigma(f(x)) = \sigma(a_0) + \sigma(a_1)x + \cdots + \sigma(a_n)x^n \in F'[x]$.

引理 10.4 设 $\sigma : F \to F'$ 是域同构, K/F, K'/F' 均为域扩张, $f(x)$ 是 $F[x]$ 中的不可约多项式, u 是 $f(x)$ 在 K 中的一个根.

(i) 若 u' 是 $\sigma(f(x))$ 的根, 则 σ 可唯一地延拓成域同构 $\sigma' : F(u) \to F'(u')$ 使得 $\sigma'(u) = u'$.

(ii) σ 可以延拓成域嵌入 $\sigma' : F(u) \to K'$ 当且仅当 $\sigma(f(x))$ 在 K' 中有根; σ 的这种延拓的个数等于 $\sigma(f(x))$ 在 K' 中互异根的个数.

证明 (i) 注意到 $\sigma(f(x))$ 是 u' 在 F' 上的极小多项式. 故有域同构 $\pi : F(u) \to F[x]/\langle f(x)\rangle$ 和域同构 $\pi' : F'[x]/\langle \sigma(f(x))\rangle \to F'(u')$; 而环同构 $\sigma : F[x] \to F'[x]$ 诱导出域同构 $\overline{\sigma} : F[x]/\langle f(x)\rangle \to F'[x]/\langle \sigma(f(x))\rangle$. 由此即得所求的唯一延拓.

(ii) 若 $\sigma(f(x))$ 在 K' 中有根 u', 则由 (i) 我们得到 σ 的一个延拓

$$\sigma' : F(u) \to F'(u') \hookrightarrow K',$$

并且 σ' 是域嵌入. 以这种方式我们已经得到 n 个这样的延拓, 其中 n 是 $\sigma(f(x))$ 在 K' 中互异根的个数. 反之, 设域嵌入 $\sigma' : F(u) \to K'$ 是 σ 的延拓. 则 $u' = \sigma'(u)$ 是 $\sigma(f(x))$ 在 K' 中的根. 因 $F(u) = F[u]$, 故 σ' 的像恰为 $F'[u'] = F'(u')$. 因此, 这个 σ' 已经在上述 n 个延拓之列了, 由此即得所要证明的结论. ■

下述同构延拓定理在域论和伽罗瓦理论中有非常重要的作用. 从其重要性和使用的频率来讲, 本书愿意将其列为域论中的首要定理.

定理 10.5 (同构延拓定理) 设 $\sigma : F \to F'$ 是域同构, $f(x)$ 是 $F[x]$ 中的正次数多项式, E 和 E' 分别是 $f(x)$ 在 F 上和 $\sigma(f(x))$ 在 F' 上的分裂域. 则 σ 可延拓成域同构 $E \to E'$; 这种延拓的个数 m 满足 $1 \le m \le [E:F]$; 而且 $m = [E:F]$ 当且仅当 $f(x)$ 是 F 上的可分多项式.

证明 对 $[E:F]$ 用数学归纳法. 若 $[E:F]=1$, 则 $E=F$, $E'=F'$. 从而结论自然成立. 设 $[E:F]<n$ 时结论成立. 现设 $[E:F]=n\geq 2$. 因此 $f(x)$ 有次数 d 大于 1 的首一的不可约因子. 对于 $f(x)$ 的任意次数 d 大于 1 的首一不可约因子 $g(x)\in F[x]$, 设 u 是 $g(x)$ 在 E 中的一个根. 根据引理 10.4(ii), σ 共有 t 个延拓 $\sigma_1,\cdots,\sigma_t:\ F(u)\to E'$, 它们均为域嵌入, 其中 t 等于 $\sigma(g(x))\in F'[x]$ 在 E' 中互异根的个数, $1\leq t\leq d$, 并且 $t=d$ 当且仅当 $\sigma(g(x))$ 无重根, 当且仅当 $g(x)$ 无重根.

对于每一域同构 $\sigma_i:\ F(u)\to F'(u_i)$, E 和 E' 分别是 $f(x)$ 在 $F(u)$ 上和 $\sigma(f(x))$ 在 $F'(u_i)$ 上的分裂域, 其中 $u_i:=\sigma_i(u)\in E'$. 因为 $[E:F(u)]<[E:F]=n$, 由归纳假设知 σ_i 可延拓成域同构 $E\to E'$, 这种延拓的个数 m_i 满足 $1\leq m_i\leq[E:F(u)]$; 并且若 $f(x)$ 在 $F(u)$ 上可分, 则 $m_i=[E:F(u)]$.

于是, 以上述方式我们得到 σ 的 m 个不同的延拓 $E\to E'$, 其中

$$1\leq m=\sum_{1\leq i\leq t}m_i\leq t[E:F(u)]\leq d[E:F(u)]$$
$$=[F(u):F][E:F(u)]=[E:F].$$

并且, 若 $f(x)$ 是 F 上的可分多项式, 则 $g(x)$ 无重根且 $f(x)$ 在 $F(u)$ 上可分, 于是 $t=d$ 且对于任一 i 有 $m_i=[E:F(u)]$, 从而 $m=[E:F]$. 反之, 若 $m=[E:F]$, 则 $t=d$, 即 $g(x)$ 无重根. 因为 $g(x)\in F[x]$ 是 $f(x)$ 的任意次数大于 1 的不可约因子, 这说明 $f(x)$ 是 F 上的可分多项式.

现在, 设域同构 $\phi:E\to E'$ 是 σ 的任一延拓. 则 ϕ 在 $F(u)$ 上的限制是域嵌入 $F(u)\to E'$ 且是 σ 的一个延拓. 因此这个限制是某一 σ_i, 从而 ϕ 是 σ_i 的一个延拓, 因此 ϕ 已经包含在上述 m 个 σ 的延拓之列. 证毕. ■

设 E 是 F 的扩域. 在定理 10.5 中取 $F'=F$, σ 为恒等, 我们得到

推论 10.6 设 E 和 E' 均是 $f(x)\in F[x]$ 在 F 上的分裂域. 则有 m 个域同构 $E\to E'$ 保持 F 中的元不动, 其中 $1\leq m\leq[E:F]$; 并且,

$m = [E : F]$ 当且仅当 $f(x)$ 是 F 上的可分多项式.

特别地, $f(x) \in F[x]$ 在 F 上的分裂域 (在同构意义下) 是唯一的.

在上述推论中取 $E' = E$, 便可得到分裂域的伽罗瓦群的阶.

推论 10.7 设 E 是 $f(x)$ 在 F 上的分裂域. 则 $|\operatorname{Gal}(E/F)| \leq [E : F]$. 并且, $|\operatorname{Gal}(E/F)| = [E : F]$ 当且仅当 $f(x)$ 是 F 上的可分多项式.

我们强调, 推论 10.7 是在伽罗瓦理论中要反复用到的结论.

10.3 有限域

只有有限多个元素的域称为有限域. 有限域又称为伽罗瓦域.

定理 10.8 (有限域的结构定理) (i) 设 F 是有限域. 则 $\operatorname{Char} F = p$, $|F| = p^n$, 其中 p 为素数, $n = [F : \mathbb{Z}_p]$. 并且, 作为加法群, F 是 n 个 p 阶循环群的直和.

用 F_{p^n} 或用 $\operatorname{GF}(p^n)$ 表示 p^n 元域.

(ii) 设 F 是 p^n 元有限域. 则乘法群 $F^* := F \backslash \{0\}$ 是 $p^n - 1$ 阶循环群. 因此, F 是 $\mathbb{Z}_p$ 的单扩域: $F = \mathbb{Z}_p(u)$, 其中 u 是 $\mathbb{Z}_p$ 上的 n 次代数元 (此处 u 可以取为 F^* 的生成元, 但不必是 F^* 的生成元).

(iii) 对任一素数 p 和任一正整数 n, p^n 元域恰好是多项式 $x^{p^n} - x \in \mathbb{Z}_p[x]$ 的 p^n 个根作成的集合; 也恰为 $x^{p^n} - x$ 在 $\mathbb{Z}_p$ 上的分裂域.

因此, p^n 元域总存在, 并且在同构意义下是唯一的.

(iv) $\operatorname{Aut}(F) = \operatorname{Gal}(F/\mathbb{Z}_p)$ 是由 σ 生成的 n 阶循环群, 其中 $\sigma(a) = a^p$, $\forall a \in F$. 特别地, 对任一 $a \in F$, F 含有 a 的唯一的 p 次根, 用 $a^{\frac{1}{p}}$ 表之.

σ 称为 F 的弗罗贝尼斯 (Ferdinand Georg Frobenius, 1849—1917) 自同构.

(v) p^n 元域 F 的子域是 p^m 元域, 其中 $m \mid n$; 反之, 对 n 的任一正因子 m, F 有唯一的 p^m 元子域 (注意这里的 "唯一" 是指在集合意义下的 "唯一"; 当然更是同构意义下的唯一).

从而, F 恰有 s 个子域, 其中 s 是 n 的正因子的个数 (注意这里子域的个数既是集合意义下的个数, 也是同构意义下的个数).

有限域 F_{p^n} 的构造归结为 $\mathbb{Z}_p$ 上 n 次不可约多项式的构造. 下述定理表明 $\mathbb{Z}_p$ 上任一 n 次不可约多项式均是 $x^{p^n} - x$ 的次数最高的不可约因子.

定理 10.9　对任一素数 p 和任一正整数 n, 在 $\mathbb{Z}_p[x]$ 中我们有

$$x^{p^n} - x = \prod_{d|n} f_d(x),$$

其中 $f_d(x)$ 是 $\mathbb{Z}_p[x]$ 中所有 d 次不可约首一多项式的乘积.

下述著名的韦德伯恩 (Joseph Henry Maclagan Wedderburn, 1882—1948) 定理表明: 不存在有限的非交换的除环.

定理 10.10 (韦德伯恩)　有限除环是域.

10.4　可分扩张和正规扩张

设 E/F 是代数扩张, $a \in E$. 如果 a 在 F 上的极小多项式无重根, 则称 a 是 F 上的可分元, 或称 a 在 F 上可分. 如果 E 中任一元在 F 上均可分, 则称 E 是 F 的可分扩张; 否则称为不可分扩张.

若 $\mathrm{Char}F = 0$, 则任一代数扩张 E/F 都是可分扩张.

若 $\mathrm{Char}F = p > 0$, 则 F 上的不可约多项式 $f(x)$ 有重根当且仅当存在 $g(x) \in F[x]$ 使得 $f(x) = g(x^p)$.

当 $x^p - a$ 的根 $b \notin F$ 时, $x^p - a$ 是 F 上不可约且有重根的多项式. 设 t 是 F 上的超越元, $K = F(t)$, $E = F(t^{\frac{1}{p}})$. 则 E/K 是代数扩张, 但它是不可分扩张.

称域 F 是完全域, 如果 F 的任一代数扩张均为 F 的可分扩张, 换言之, 如果 $F[x]$ 中任一不可约多项式均无重根. 特征为 0 的域是完全域. 特征为素数 p 的域 F 是完全域当且仅当 $F = F^p$, 其中 $F^p = \{a^p \mid a \in F\}$. 特别地, 有限域是完全域.

下面是可分扩张的重要性质.

定理 10.11 有限可分扩张是单扩张.

证明 设 K/F 是有限可分扩张. 不妨设 F 是无限域且 $K = F(\alpha, \beta)$. 设 $f(x)$ 和 $g(x)$ 分别是 α 和 β 在 F 上的极小多项式, E 是 $f(x)g(x)$ 在 F 上的分裂域, $\alpha = \alpha_1, \cdots, \alpha_n$ 是 $f(x)$ 在 E 中的全部根, $\beta = \beta_1, \cdots, \beta_m$ 是 $g(x)$ 在 E 中的全部根. 因为 K/F 是可分扩张, 故 $\alpha = \alpha_1, \cdots, \alpha_n$ 两两不同, $\beta = \beta_1, \cdots, \beta_m$ 两两不同. 因 F 是无限域, 故存在 $c \in F$ 使得

$$\alpha + c\beta - c\beta_j \neq \alpha_i, \quad 1 \leq i \leq n, \ 2 \leq j \leq m.$$

令 $\gamma = \alpha + c\beta$. 由 c 的取法知 $f(\gamma - cx) \in F(\gamma)[x]$ 与 $g(x)$ 只有唯一的公共根 β. 于是在 $F(\gamma)[x]$ 中 $g(x)$ 和 $f(\gamma - cx)$ 的最大公因子就是 $x - \beta \in F(\gamma)[x]$, 从而 $\beta \in F(\gamma)$, 进而 $\alpha \in F(\gamma)$. 所以 $K = F(\gamma)$. ■

定理 10.12 (i) 设 α 在 F 上可分, β 在 $F(\alpha)$ 上可分. 则 β 在 F 上可分.

(ii) 设 E/F 是代数扩张, S 是 E 的任一子集 (可以是无限子集). 则 $F(S)/F$ 是可分扩张当且仅当 S 中元在 F 上都是可分的.

(iii) 若 α, β 在 F 上可分, 则 $\alpha \pm \beta, \alpha\beta, \frac{\alpha}{\beta}$ $(\beta \neq 0)$ 均在 F 上可分.

(iv) F 上可分多项式在 F 上的分裂域在 F 上可分.

(v) 若 E/K 和 K/F 为可分扩张, 则 E/F 为可分扩张; 反之亦然.

上述定理的证明可参阅 [FZ], 3.6.6.

定义 10.13 (i) 代数扩张 E/F 称为正规扩张, 如果 E 中任一元 u 在 F 上的极小多项式在 $E[x]$ 中分解成一次因子的乘积 (即, E 中任一元 u 在 F 上的极小多项式的根均在 E 中). 换言之, 代数扩张 E/F 称为正规扩张, 如果在 E 中有根的 F 上的不可约多项式的全部根均在 E 中.

(ii) 如果 E/F 既是可分扩张又是正规扩张, 则称 E/F 是伽罗瓦扩张.

(iii) 如果 E/F 既是有限扩张又是伽罗瓦扩张, 则称 E/F 是有限伽罗瓦扩张.

下述有限伽罗瓦扩张的等价刻画是伽罗瓦理论中需要反复用到的结论.

定理 10.14 设 E/F 是域扩张. 则

(i) E/F 是有限正规扩张当且仅当 E 是 F 上某一多项式在 F 上的分裂域;

(ii) E/F 是有限伽罗瓦扩张当且仅当 E 是 F 上某一可分多项式在 F 上的分裂域.

证明 (i) 设 E/F 是有限正规扩张. 因 $[E:F]$ 有限, 故存在 F 上的有限个代数元 $a_1, \cdots, a_n$ 使得 $E = F(a_1, \cdots, a_n)$. 设 $f_i(x)$ 是 a_i 在 F 上的极小多项式, $i = 1, \cdots, n$. 则 $F[x]$ 中不可约多项式 $f_i(x)$ 有一个根 a_i 在 E 中, 由正规扩域的定义知 $f_i(x)$ 的所有的根都在 E 中. 因此, E 包含 $f(x) = f_1(x) \cdots f_n(x) \in F[x]$ 在 F 上的分裂域; 另一方面, E 只是将 $f(x)$ 的一部分根 $a_1, \cdots, a_n$ 添加到 F 上所得到的扩张, 由分裂域的定义知 E 当然包含在 $f(x)$ 在 F 上的分裂域之中. 这就说明了 E 恰是 $f(x)$ 在 F 上的分裂域.

反之, 设 E 是 F 上某一多项式 $f(x)$ 在 F 上的分裂域. 设 $p(x)$ 是 F 上任一不可约多项式且 $p(x)$ 有一个根 α 在 E 中. 我们要证明 $p(x)$ 的任一根 β 均在 E 中. 下述证明是同构延拓定理一个绝妙的应用. 因为 α 和 β 在 F 上的极小多项式均为 $p(x)$, 故有 F-同构 $\sigma: F(\alpha) \to F(\beta)$ 将 α 送到 β. 注意到 E 也是 $F(\alpha)$ 上多项式 $f(x)$ 在 $F(\alpha)$ 上的分裂域, 而 $E(\beta)$ 是 $F(\beta)$ 上多项式 $f(x)$ 在 $F(\beta)$ 上的分裂域. 因此, 根据同构延拓定理知 σ 可以延拓成 F-同构

$$\phi: E \to E(\beta).$$

因此 $[E:F]=[E(\alpha):F]=[E(\beta):F]=[E(\beta):E][E:F]$, 从而 $[E(\beta):E]=1$, 故 $\beta\in E$.

(ii) 如果 E/F 是有限可分正规扩张, 则由 (i) 知 E 是 F 上某一多项式 $f(x)$ 在 F 上的分裂域; 再由 E/F 是可分扩张即可推出 $f(x)$ 是可分多项式. 反之, 如果 E 是 F 上某一可分多项式在 F 上的分裂域, 则由 (i) 知 E/F 是有限正规扩张; 再由定理 10.12 (iv) 又知 E/F 是可分扩张, 从而是有限伽罗瓦扩张. ∎

10.5 单位根与分圆多项式

设 F 是素域. 多项式 $f(x)=x^n-1\in F[x]$ 的零点称为一个 n 次单位根. 设 F 的特征为零, 或为与 n 互素的素数 p. 则 $(f(x),f'(x))=1$, 故 $f(x)$ 无重根. 从而所有 n 次单位根作成 E^* 的 n 阶子群, 其中 E 是 $f(x)$ 在 F 上的分裂域; 并且这是循环群 (事实上, 将 n 进行素分解 $n=\prod_{1\le i\le m}q_i^{m_i}$. 因为方程 $x^{\frac{n}{q_i}}-1=0$ 最多只有 $\frac{n}{q_i}$ 个根, 故存在一个 n 次单位根 u_i 使得 $u_i^{\frac{n}{q_i}}\ne 1$. 令 $v_i=u_i^{(n/q_i^{m_i})}$. 则 $v_i^{q_i^{m_i}}=u_i^n=1$, 而 $v_i^{q_i^{m_i-1}}=u_i^{\frac{n}{q_i}}\ne 1$. 于是 v_i 的乘法阶为 $q_i^{m_i}$, $1\le i\le m$, 从而 $v_1\cdots v_m$ 的乘法阶为 n). 将这个循环群的生成元称为 n 次本原单位根.

设 ω 是一个 n 次本原单位根. 则全部的 n 次本原单位根为 ω^i, 其中 $(i,n)=1$, $1\le i\le n-1$. 记

$$\Phi_n(x)=\prod_{(i,n)=1,1\le i\le n-1}(x-\omega^i),$$

其次数为欧拉函数 $\varphi(n)$.

当 F 的特征为 0 时 (即 $F=\mathbb{Q}$), 我们称 $\Phi_n(x)$ 为分圆多项式, 此时 $\mathbb{Q}(\omega)$ 称为分圆域. 这个名称缘于由复数 ω 可以作出正 n 边形, 也就是能将圆等分成 n 个弧.

在任何情况下, $F(\omega)$ 是 F 的有限伽罗瓦扩域. 对于任何一个 n 次单位根 u, 必存在 n 的唯一正因子 d 使得 u 是 d 次本原单位根, 因而

我们有

$$x^n - 1 = \prod_{d|n} \Phi_d(x). \tag{1}$$

由此可以归纳地算出 $\varphi(n)$ 次多项式 $\Phi_n(x)$. 例如, $\Phi_1(x) = x - 1$; 对于任一素数 p 有

$$\Phi_p(x) = \frac{x^p - 1}{\Phi_1(x)} = x^{p-1} + x^{p-2} + \cdots + x + 1;$$

$$\Phi_4(x) = \frac{x^4 - 1}{\Phi_1(x)\Phi_2(x)} = x^2 + 1; \quad \Phi_6(x) = \frac{x^6 - 1}{\Phi_1(x)\Phi_2(x)\Phi_3(x)} = x^2 - x + 1;$$

$$\Phi_{p^m}(x) = \frac{x^{p^m} - 1}{x^{p^{m-1}} - 1} = 1 + x^{p^{m-1}} + x^{2p^{m-1}} + \cdots + x^{(p-1)p^{m-1}};$$

$$\Phi_{10}(x) = \frac{x^{10} - 1}{\Phi_1(x)\Phi_2(x)\Phi_5(x)} = x^4 - x^3 + x^2 - x + 1;$$

$$\Phi_{12}(x) = \frac{x^{12} - 1}{\Phi_1(x)\Phi_2(x)\Phi_3(x)\Phi_4(x)\Phi_6(x)} = x^4 - x^2 + 1.$$

与 (1) 式相关的一个结论是: 多项式 $\Phi_n(x)$ 也可以用 $x^d - 1$ 表达出来. 为此回顾默比乌斯 (August Ferdinand Möbius, 1790—1868) 函数 $\mu: \mathbb{N} \to \{0, 1, -1\}$ 定义如下:

$$\mu(n) = \begin{cases} 1, & \text{若 } n = 1, \\ 0, & \text{若 } n \text{ 被素数的平方整除}, \\ (-1)^r, & \text{若 } n \text{ 是 } r \text{ 个互异的素数之积}. \end{cases}$$

根据定义分情况讨论易知 μ 是积性函数. 对于任一正整数 n 有

$$\sum_{d|n} \mu(d) = \sum_{d|n} \mu\left(\frac{n}{d}\right) = \begin{cases} 1, & n = 1, \\ 0, & n > 1. \end{cases} \tag{2}$$

事实上, 为了说明 (2) 只要考虑 n 的那些正因子 d, 其中 d 不含平方因

子. 设 $p_1, \cdots, p_m$ 是 n 的全部两两不同的素因子. 则

$$\sum_{d|n} \mu(d) = \mu(1) + \sum_{1 \leq i \leq m} \mu(p_i) + \sum_{1 \leq i < j \leq m} \mu(p_i p_j) + \cdots + \mu(p_1 \cdots p_m)$$

$$= 1 + (-1)\binom{m}{1} + (-1)^2\binom{m}{2} + \cdots + (-1)^m\binom{m}{m}$$

$$= (1-1)^m = 0.$$

定理 10.15 设 F 是素域, 其特征为零, 或为与 n 互素的素数 p.

(i) 多项式 $\Phi_n(x)$ 是整系数多项式 (指系数属于 $\mathbb{Z}1_F$, 其中 1_F 是 F 的单位元); 且当 $n \geq 2$ 时 $\Phi_n(x)$ 常数项为 1.

(ii) 我们有

$$\Phi_n(x) = \prod_{d|n}(x^d - 1)^{\mu(\frac{n}{d})}. \tag{3}$$

(iii) 若 F 的特征为零, 则分圆多项式 $\Phi_n(x)$ 是 $\mathbb{Q}$ 上的不可约多项式.

(iv) 设 F 的特征为 p, $f(x)$ 是 n 次本原单位根 ω 在 F 上的极小多项式. 则 $f(x) = (x - \omega)(x - \omega^p) \cdots (x - \omega^{p^{r-1}})$, 这里 r 是 $\overline{p}$ 在群 $\mathbb{Z}_n^*$ 中的阶, 即使得 $p^r \equiv 1 \pmod{n}$ 的最小的正整数.

证明 (i) 对 n 用数学归纳法. 假设对于 $d < n, \Phi_d(x)$ 均是整系数多项式, 则由 (1) 式通过除法可知 $\Phi_n(x)$ 是 F 上的首一多项式. 注意到 F 是 $\mathbb{Z}1_F$ 的商域, 由高斯引理 (参见引理 9.9(ii)) 和归纳假设即知 $\Phi_n(x)$ 是整系数多项式.

因为 $\Phi_1(x) = x - 1$, 由归纳法和 (1) 式即知当 $n \geq 2$ 时, $\Phi_n(x)$ 的常数项为 1.

(ii) 因为 $\Phi_n(x)$ 由 (1) 式唯一确定, 故只要证明 (3) 式右端也满足 (1) 式, 即只要证明

$$x^n - 1 = \prod_{d|n}\prod_{d'|d}(x^{d'} - 1)^{\mu(\frac{d}{d'})}.$$

令 $\lambda = \frac{d}{d'}$. 则 $\lambda \mid \frac{n}{d'}$. 重写上式右端并利用 (2) 我们有

$$\prod_{d|n}\prod_{d'|d}(x^{d'}-1)^{\mu(\frac{d}{d'})} = \prod_{d'|n}\prod_{\lambda|\frac{n}{d'}}(x^{d'}-1)^{\mu(\lambda)}$$

$$= \prod_{d'|n}(x^{d'}-1)^{\sum\limits_{\lambda|\frac{n}{d'}}\mu(\lambda)}$$

$$= x^n - 1.$$

(iii) 设 $f(x)$ 是 n 次本原单位根 ω 在 $\mathbb{Q}$ 上的极小多项式. 因为 $f(x) \mid (x^n - 1)$, $f(x) \nmid (x^d - 1)$, $\forall\, d < n$, 故 $(f(x), x^d - 1) = 1$, 于是 $f(x)$ 的根只能是 n 次本原单位根. 只要证每个 n 次本原单位根必是 $f(x)$ 的根.

先证如下断言: 对 $f(x)$ 的任一根 u 和任意与 n 互素的素数 p, u^p 也是 $f(x)$ 的根. (反证) 否则设 u^p 在 F 上的极小多项式为 $g(x)$. 由 $f(x) \mid (x^n - 1)$ 和 $g(x) \mid (x^n - 1)$ 知 $f(x)g(x) \mid (x^n - 1)$, 于是 $x^n - 1 = f(x)g(x)h(x)$. 根据高斯引理 (注意 $F = \mathbb{Q}$) 知 $f(x), g(x), h(x)$ 均为整系数多项式. 而 $g(x^p)$ 以 u 为根, 故 $g(x^p) = q(x)f(x)$, $q(x) \in \mathbb{Z}[x]$. 考虑自然同态 $\mathbb{Z}[x] \to \mathbb{Z}_p[x]$, 则在 $\mathbb{Z}_p[x]$ 中有 $\overline{g}(x^p) = \overline{g}(x)^p$ (这是因为 $a = a^p$, $\forall\, a \in \mathbb{Z}_p$). 于是

$$\overline{g}(x)^p = \overline{q}(x)\overline{f}(x). \qquad (*)$$

因为 $(p, n) = 1$, 故 $x^n - 1$ 无重根, 从而由 $x^n - 1 = \overline{f}(x)\overline{g}(x)\overline{h}(x)$ 知 $(\overline{f}(x), \overline{g}(x)) = 1$. 这与 $(*)$ 相矛盾!

现在, 任一 n 次本原单位根形如 ω^i, $(i, n) = 1$. 设 $i = p_1 \cdots p_s$, 其中 p_j 均为素数. 于是 $(n, p_j) = 1$, $\forall\, j$. 反复使用上述断言即知 $\omega^{p_1}, \omega^{p_1 p_2}, \cdots, \omega^{p_1 \cdots p_s} = \omega^i$ 均是 $f(x)$ 的根. 从而任一 n 次本原单位根均是 $f(x)$ 的根.

(iv) 设 $f(x)$ 是 ω 在 F 上的极小多项式, $\deg f(x) = s$. 则 $|F(\omega)| = p^s$. 将 $F(\omega)$ 的 Frobenius 自同构 σ 作用在 $f(\omega) = 0$ 上知 $\omega^p, \omega^{p^2}, \cdots$, $\omega^{p^{s-1}}$ 均是 $f(x)$ 的根, 从而 $f(x) = (x - \omega)(x - \omega^p) \cdots (x - \omega^{p^{s-1}})$. 下

证 $s = r$. 因为 n 次单位根的群 G 是乘法群 $F(\omega) - \{0\}$ 的子群, 故 $n \mid (p^s - 1)$. 由 r 的定义知 $r \leq s$. 另一方面 p^r 元域 E 的乘法群 E^* 是阶为 $p^r - 1$ 的循环群, $n \mid (p^r - 1)$, 故 E^* 有唯一的 n 阶子群 G, 故 $F(\omega) \subseteq E$, 从而 $s \leq r$. 这就证明了 $s = r$. ∎

注记 10.16   当 F 的特征为素数, 多项式 $\Phi_n(x)$ 有可能在 F 上可约.

例如, 取 $F = \mathbb{Z}_{11}$, $n = 12$, 则 $\Phi_{12}(x) = x^4 - x^2 + 1$ 在 $\mathbb{Z}_{11}[x]$ 中有不可约分解 $(x^2 + 6x + 1)(x^2 - 6x + 1)$.

10.6 狄利克雷素数定理的特例

著名的狄利克雷 (Johann Peter Gustav Lejeune Dirichlet, 1805—1859) 素数定理说: 如果首项 a 与公差 d 是互素的正整数, 则等差数列 $a + id$ $(i = 0, 1, \cdots)$ 中含有无穷多个素数. 利用分圆多项式的性质我们可以证明这个定理的一个特例.

定理 10.17   设 n 是正整数. 则等差数列 $1 + in$ $(i = 0, 1, \cdots)$ 中含有无穷多个素数.

先证明两个引理.

引理 10.18   设 $n \geq 2$ 是不被素数 p 整除的整数, a 是整数. 则 $p \mid \Phi_n(a)$ 当且仅当 $\bar{a}$ 在群 $\mathbb{Z}_p^*$ 中阶为 n.

证明   设 $\Phi_n(a) = 0 \in \mathbb{Z}_p$. 由 $\mathbb{Z}_p[x]$ 中的恒等式

$$x^n - 1 = \Phi_n(x) \prod_{d \mid n, \ d < n} \Phi_d(x)$$

知 $\bar{a}^n = 1$. 另一方面, 对于 $m \mid n$ 和 $m < n$, $\bar{a}$ 不可能是 $x^m - 1 = \prod_{d \mid m} \Phi_d(x)$ 的根 (否则, $x^n - 1 \in \mathbb{Z}_p[x]$ 有重根 $\bar{a}$, 这与形式导数 $(x^n - 1)' = nx^{n-1} \neq 0$ 与 $x^n - 1$ 在 $\mathbb{Z}_p[x]$ 中互素相矛盾), 因而 $\bar{a}$ 在 $\mathbb{Z}_p^*$ 中阶为 n.

反之, 设 $\bar{a}$ 在群 $\mathbb{Z}_p^*$ 中阶为 n. 由 $\mathbb{Z}_p[x]$ 中的恒等式 $x^n - 1 = \Phi_n(x) \prod_{d \mid n, \ d < n} \Phi_d(x)$ 必定有 $\Phi_n(a) = 0 \in \mathbb{Z}_p$ (否则存在 $d \mid n$, $d < n$,

使得在 $\mathbb{Z}_p$ 中有 $\Phi_d(a) = 0$; 再由上面的论述得到矛盾: $\bar{a}$ 在群 $\mathbb{Z}_p^*$ 中阶为 d). ∎

引理 10.19 设 $n \geq 2$ 是不被素数 p 整除的整数. 则存在整数 a 使得 $p \mid \Phi_n(a)$ 当且仅当 $n \mid (p-1)$.

证明 设 $p \mid \Phi_n(a)$. 由引理 10.18 知 $\bar{a}$ 在群 $\mathbb{Z}_p^*$ 中阶为 n. 而群 $\mathbb{Z}_p^*$ 的阶为 $p-1$, 由拉格朗日定理知 $n \mid (p-1)$.

反之, 设 $n \mid (p-1)$. 因 $\mathbb{Z}_p^*$ 是 $p-1$ 阶循环群, 故存在整数 a 使得 $\bar{a}$ 在群 $\mathbb{Z}_p^*$ 中阶为 n. 再由引理 10.18 知 $p \mid \Phi_n(a)$. ∎

定理 10.17 的证明. 不妨设 $n \geq 2$.

断言 1: 必存在整数 a 和素数 p 使得 $p \mid \Phi_n(a)$.

事实上, 因为 $\Phi_n(x)$ 是整系数多项式 (定理 10.15 (i)), 故对于任意整数 a, $\Phi_n(a) = \pm 1$ 或者整数 $\Phi_n(a)$ 必有素因子 p. 而 $\varphi(n)$ 次多项式 $\Phi_n(x) \pm 1 \in \mathbb{Z}[x]$ 只有有限多个整根, 因此我们知道断言 1 成立.

断言 2: 必存在无穷多个素数 p, 使得对每个 p 存在整数 $a = a_p$ 满足 $p \mid \Phi_n(a)$.

(反证) 假设只有有限多个素数 p_i, $1 \leq i \leq s$, 使得对每个 i 存在整数 $a = a_i$ 满足 $p_i \mid \Phi_n(a)$. 对于不是 $\Phi_n(x) \pm 1 \in \mathbb{Z}[x]$ 的根的任意整数 b, $\Phi_n(b)$ 必有素因子 p. 由假设这样的 p 只能是某一 p_i. 因此, 当整数 $b \gg 0$ 时, $\Phi_n(b)$ 必有某个素因子 p_i. 令 $b = (p_1 \cdots p_s)^N$, $N \gg 0$. 则有素数 p_i 使得 $p_i \mid \Phi_n(b)$. 但是, 另一方面, $\Phi_n(x)$ 的常数项为 1 (定理 10.15 (i)), 因此 $\Phi_n(b) \equiv 1 \pmod{p_i}$. 这与 $p_i \mid \Phi_n(b)$ 相矛盾!

现在, 因为 n 只有有限多个素因子, 因此由断言 2 知必存在无穷多个素数 p, $p \nmid n$, 使得对每个 p 存在整数 $a = a_p$ 满足 $p \mid \Phi_n(a)$. 再由引理 10.19 知 $n \mid (p-1)$. 这就证明了等差数列 $1 + in$ $(i = 0, 1, \cdots)$ 中有无穷多个素数 p. ∎

与狄利克雷素数定理相关的一个著名结果是 2004 年由格林 (Ben Green, 1977—) 和陶哲轩 (Terence Tao, 1975—) 证明的格林-陶定理:

对于任意自然数 n, 均存在等差数列使得其前 n 项均为素数. 格林–陶定理的证明是存在性的; 此后有各种构造性的工作: 目前可构的最大的 n 已达到 26.

参考文献

[A1]   E. 阿廷. 伽罗华理论. 李同孚, 译. 上海: 上海科学技术出版社, 1979.

[A2]   M. 阿廷. 代数. 郭晋云, 译. 北京: 机械工业出版社, 2009. 代数 (第 2
        版), 姚海楼, 平艳茹, 译. 北京: 机械工业出版社, 2014.

[Be]   E. T. Bell. *Men of Mathematics*. New York: Simon and Schuster,
        1937. (中译本: 数学精英. 徐源, 译. 北京: 商务印书馆, 1991.)

[Br]   M. J. Brandley. 数学的奠基, 1800—1900 年. 杨延涛, 译. 上海: 上海科
        学技术文献出版社, 2008.

[Da]   A. 达尔玛. 伽罗瓦传. 邵循岱, 译. 北京: 商务印书馆, 1981.

[De]   J. Derbyshire. 代数的历史 —— 人类对未知量的不舍追踪. 冯速, 译. 北
        京: 人民邮电出版社, 2010.

[Ed]   H. M. Edwards. *Galois Theory*. New York, Berlin: Springer-Verlag,
        1984.

[Es]   J. P. Escofier. *Galois Theory*. New York, Berlin: Springer-Verlag,
        2001.

[FLCZ] 冯克勤, 李尚志, 查建国, 章璞. 近世代数引论. 合肥: 中国科学技术大学
        出版社, 1988 (第 1 版), 2002 (第 2 版), 2009 (第 3 版), 2018 (第 4 版).

[FY]   冯克勤, 余红兵. 整数与多项式. 北京: 高等教育出版社, 1999.

[FZ]   冯克勤, 章璞. 近世代数三百题. 北京: 高等教育出版社, 2010.

[FR]   B. Fine, G. Rosenberger. *The Fundamental Theorem of Algebra*.
        Berlin: Springer-Verlag, 1997.

[J1]   N. Jacobson. *Basic Algebra I*. San Francisco: W. H. Freeman and
        Company, 1974. New York: W. H. Freeman and Company, 1985 (Sec-
        ond Edition).

[J2]   N. Jacobson. *Basic Algebra II*. San Francisco: W. H. Freeman and

Company, 1980. New York: W. H. Freeman and Company, 1989 (Second Edition).

[K] A. H. 科斯特利金. 代数学引论: 第一卷、第二卷、第三卷. 张英伯、牛凤文、郭文彬, 译. 北京: 高等教育出版社, 2006, 2008.

[Li] 李克正. 抽象代数基础. 北京: 清华大学出版社, 2007.

[Liu] 刘绍学. 近世代数基础. 北京: 高等教育出版社, 1999 (第 1 版), 2012 (第 2 版).

[LZ] 刘绍学, 章璞. 近世代数导引. 北京: 高等教育出版社, 2011.

[Liv] M. Livio. 无法解出的方程 —— 天才与对称. 王志标, 译. 长沙: 湖南科学技术出版社, 2008.

[M] P. Morandi. *Field and Galois Theory*. New York, Berlin: Springer-Verlag, 1996.

[MM] G. Malle, B. H. Matzat. Inverse Galois Theory. New York, Berlin: Springer-Verlag, 1999 (第 1 版), 2018 (第 2 版).

[ND] 聂灵沼, 丁石孙. 代数学引论. 北京: 高等教育出版社, 1988 (第 1 版), 2000 (第 2 版).

[S] J. P. Serre. *Topics in Galois Theory*. Boston: Jones and Bartlett, 1992.

[V] H. Völklein. *Groups as Galois groups*. Cambridge: Cambridge Univ. Press, 1996.

[W1] B. L. van der Waerden. 代数学 I. 丁石孙, 曾肯成, 郝鈵新, 译. 万哲先, 校. 北京: 科学出版社, 1963.

[W2] B. L. van der Waerden. 代数学 II. 曹锡华, 曾肯成, 郝鈵新, 译. 万哲先, 校. 北京: 科学出版社, 1976.

[W3] B. L. van der Waerden. *A History of Algebra*. Berlin: Springer-Verlag, 1985.

[Wa] 万哲先. 代数导引. 北京: 科学出版社, 2004 (第 1 版), 2010 (第 2 版).

[We] H. Weyl. 对称. 冯承天, 陆继宗, 译. 上海: 上海科技教育出版社, 2002.

[Wi] Wiki 网站: http://en.wikipedia.org/wiki/Évariste Galois.

[Y] 杨劲根. 近世代数讲义. 北京: 科学出版社, 2009.

中英文名词索引

注: 索引项后为小节号

X

西罗定理, Sylow theorem, 9.1

线性特征标, linear character, 1.3

循环群, cyclic group, 9.1

Y

一般方程, general equation, 4.1

有限伽罗瓦扩张, finite Galois extension, 10.4

有限扩张, finite extension, 10.1

有限域, finite field, 10.2

域, field , 10.1

元素的阶, order of an element, 9.1

Z

正规扩张, normal extension, 10.4

正规子群, normal subgroup, 9.1

指数, index, 9.1

置换, permutation, 9.1

中国剩余定理, Chinese remainder theorem (CRT), 9.6

中间域, intermediate subfield, 1.1

中心, center, 9.1

子域, subfield, 10.1

左陪集, left coset, 9.1

现代数学基础图书清单

序号	书号	书名	作者
1	9787040217179	代数和编码（第三版）	万哲先 编著
2	9787040221749	应用偏微分方程讲义	姜礼尚、孔德兴、陈志浩
3	9787040235975	实分析（第二版）	程民德、邓东皋、龙瑞麟 编著
4	9787040226171	高等概率论及其应用	胡迪鹤 著
5	9787040243079	线性代数与矩阵论（第二版）	许以超 编著
6	9787040244656	矩阵论	詹兴致
7	9787040244618	可靠性统计	茆诗松、汤银才、王玲玲 编著
8	9787040247503	泛函分析第二教程（第二版）	夏道行 等编著
9	9787040253177	无限维空间上的测度和积分 —— 抽象调和分析（第二版）	夏道行 著
10	9787040257724	奇异摄动问题中的渐近理论	倪明康、林武忠
11	9787040272611	整体微分几何初步（第三版）	沈一兵 编著
12	9787040263602	数论 I —— Fermat 的梦想和类域论	[日]加藤和也、黑川信重、斋藤毅 著
13	9787040263619	数论 II —— 岩泽理论和自守形式	[日]黑川信重、栗原将人、斋藤毅 著
14	9787040380408	微分方程与数学物理问题（中文校订版）	[瑞典] 纳伊尔·伊布拉基莫夫 著
15	9787040274868	有限群表示论（第二版）	曹锡华、时俭益
16	9787040274318	实变函数论与泛函分析(上册,第二版修订本)	夏道行 等编著
17	9787040272482	实变函数论与泛函分析(下册,第二版修订本)	夏道行 等编著
18	9787040287073	现代极限理论及其在随机结构中的应用	苏淳、冯群强、刘杰 著
19	9787040304480	偏微分方程	孔德兴
20	9787040310696	几何与拓扑的概念导引	古志鸣 编著
21	9787040316117	控制论中的矩阵计算	徐树方 著
22	9787040316988	多项式代数	王东明 等编著
23	9787040319668	矩阵计算六讲	徐树方、钱江 著
24	9787040319583	变分学讲义	张恭庆 编著
25	9787040322811	现代极小曲面讲义	[巴西] F. Xavier、潮小李 编著
26	9787040327113	群表示论	丘维声 编著
27	9787040346756	可靠性数学引论（修订版）	曹晋华、程侃 著
28	9787040343113	复变函数专题选讲	余家荣、路见可 主编
29	9787040357387	次正常算子解析理论	夏道行
30	9787040348347	数论 —— 从同余的观点出发	蔡天新

续表

序号	书号	书名	作者
31	9787040362688	多复变函数论	萧荫堂、陈志华、钟家庆
32	9787040361681	工程数学的新方法	蒋耀林
33	9787040345254	现代芬斯勒几何初步	沈一兵、沈忠民
34	9787040364729	数论基础	潘承洞 著
35	9787040369502	Toeplitz 系统预处理方法	金小庆 著
36	9787040370379	索伯列夫空间	王明新
37	9787040372526	伽罗瓦理论 —— 天才的激情	章璞 著
38	9787040372663	李代数（第二版）	万哲先 编著
39	9787040386516	实分析中的反例	汪林
40	9787040388909	泛函分析中的反例	汪林
41	9787040373783	拓扑线性空间与算子谱理论	刘培德
42	9787040318456	旋量代数与李群、李代数	戴建生 著
43	9787040332605	格论导引	方捷
44	9787040395037	李群讲义	项武义、侯自新、孟道骥
45	9787040395020	古典几何学	项武义、王申怀、潘养廉
46	9787040404586	黎曼几何初步	伍鸿熙、沈纯理、虞言林
47	9787040410570	高等线性代数学	黎景辉、白正简、周国晖
48	9787040413052	实分析与泛函分析（续论）（上册）	匡继昌
49	9787040412857	实分析与泛函分析（续论）（下册）	匡继昌
50	9787040412239	微分动力系统	文兰
51	9787040413502	阶的估计基础	潘承洞、于秀源
52	9787040415131	非线性泛函分析（第三版）	郭大钧
53	9787040414080	代数学（上）（第二版）	莫宗坚、蓝以中、赵春来
54	9787040414202	代数学（下）（修订版）	莫宗坚、蓝以中、赵春来
55	9787040418736	代数编码与密码	许以超、马松雅 编著
56	9787040439137	数学分析中的问题和反例	汪林
57	9787040440485	椭圆型偏微分方程	刘宪高
58	9787040464832	代数数论	黎景辉
59	9787040456134	调和分析	林钦诚
60	9787040468625	紧黎曼曲面引论	伍鸿熙、吕以辇、陈志华
61	9787040476743	拟线性椭圆型方程的现代变分方法	沈尧天、王友军、李周欣

序号	书号	书名	作者
62	9787040479263	非线性泛函分析	袁荣
63	9787040496369	现代调和分析及其应用讲义	苗长兴
64	9787040497595	拓扑空间与线性拓扑空间中的反例	汪林
65	9787040505498	Hilbert 空间上的广义逆算子与 Fredholm 算子	海国君、阿拉坦仓
66	9787040507249	基础代数学讲义	章璞、吴泉水
67.1	9787040507256	代数学方法（第一卷）基础架构	李文威
68	9787040522631	科学计算中的偏微分方程数值解法	张文生
69	9787040534597	非线性分析方法	张恭庆
70	9787040544893	旋量代数与李群、李代数（修订版）	戴建生 著

购书网站：高教书城（www.hepmall.com.cn），高教天猫（gdjycbs.tmall.com），京东, 当当, 微店

其他订购办法：

各使用单位可向高等教育出版社电子商务部汇款订购。书款通过银行转账，支付成功后请将购买信息发邮件或传真，以便及时发货。购书免邮费，发票随书寄出（大批量订购图书，发票随后寄出）。

单位地址：北京西城区德外大街4号
电　话：010-58581118
传　真：010-58581113
电子邮箱：gjdzfwb@pub.hep.cn

通过银行转账：
户　　名：高等教育出版社有限公司
开 户 行：交通银行北京马甸支行
银行账号：110060437018010037603

郑重声明